KB262807

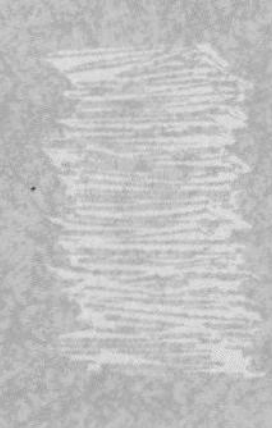

생활 속의 발명

박혁구 지음

세창출판사

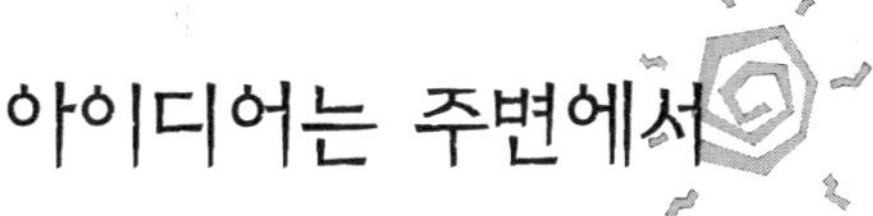 아이디어는 주변에서

발명과 기술개발은 비슷한 개념이라 생각된다.

경향 각지에서 기술개발의 필요성을 역설하고 지적재산권의 확보를 위해 많은 노력을 경주하고 있다.

그러나 마음 속의 욕구로 그칠 때가 많고, 뜻은 있으나 방향을 몰라 헤매고 방법을 터득하지 못해 쩔쩔매는 초보 발명가를 안타깝게 지켜본 때가 종종 있었다.

이 책은 발명에 이르기까지 외국의 사례를 엮어 발명에 관심 있는 분들께 미약하나마 방향타가 되어 주기를 바라는 간절한 마음으로 집필하였다.

국가로부터 훈장을 받은 수훈 발명가는 그 명예 못지않게 막중한 책임이 뒤따른다는 것을 항상 명심하고 생활 속에

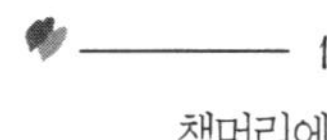 1

반영되어야 한다고 생각한다.

　그 의무 중에서 가장 중요한 부분은 국익에 충실해야 하며, 발명인구의 저변확대를 위하여 앞장 서서 노력하고 실천하는 행동일 것이다.

　이를 위하여 그 동안 발명 꿈나무 육성을 위한 발명영재의 지원 사업과 발명 분위기 확산을 위한 여성발명계 후원에 미력하나마 최선을 다하고 있으며, 이 졸저가 발명 인구의 확산을 위한 작은 역할을 하여 주리라 기대하고 있다.

　다음 번에는 필자의 발명체험을 엮어 좀더 생생한 기록을 남길 것을 다짐하며, 필자를 발명가로 키워주시고 며칠 전에 승천하신 어머님의 명목을 빈다.

2001년 5월 발명의 달에

박 혁 구

발명은  최고다

어느 가난한 중년 남성이 뉴욕 맨해튼의 센트럴 공원을 매일 달렸다. 그는 건강을 위하여 테니스를 할 생각이었지만 돈이 없어 조깅을 선택했다. 그의 인생 자산은 오직 열정과 정직뿐이었다.

어느 날, 그는 대통령의 초청을 받았다. 그런데 신고 갈 구두가 없어 운동화를 신고 초대에 응했다. 그 때 부시 대통령(현 부시 대통령의 부친)이 운동화에 깊은 관심을 보였다.

"참 좋은 운동화를 신으셨군요."

그는 즉시 신발회사에 전화를 걸었다.

"부시 대통령께 내가 신은 것과 똑같은 운동화 한 켤레를 선물해 주십시오."

신발회사는 대통령에게 운동화를 선물했다. 부시 대통령은 항상 이 운동화를 신고 조깅했다. 그래서 이 신발회사는 금새 유명해졌다. 이 순박하고 열정적인 남성의 이름은 프레드 리보다. 그는 1970년 뉴욕 마라톤을 창설했다. 그는 뉴욕마라톤대회의 개회식에서 이렇게 말했다.

"나는 빈손입니다. 그러나 열정과 신뢰로 뉴욕 마라톤을 시작합니다."

성공을 하려 함에 있어서 꼭 필요한 조건은 무엇일까? 학력? 혹은 재력? 아니면 백그라운드일까?

학력이 좋아야 한다고 생각한다면 다음의 예를 보자.

맥도널드사를 창립한 데이 크록은 원래 종이컵을 하는 행상이었다. 그는 쉰두 살이던 1955년 시카고에서 햄버거와 감자튀김을 팔았다.

데이 크록은 햄버거를 파는 동안 햄버거를 몇 도에서 구워야 가장 맛이 있고 햄버거 속의 고기는 어떤 간격으로 칼

생활 속의 발명

집을 내야 제맛이 나는지 '맛의 비법'을 알게 되었다.

그는 '햄버거 안내서'를 직접 만들어 전국의 대리점에 보냈다. 데이 크록은 햄버거 하나에 인생의 승부를 걸었던 것이다. 그는 미국의 일리노이주 오크브룩에 햄버거 대학을 설립하고, 햄버거를 굽는 기술과 인간관계, 대리점 운영법 등을 가르쳤다.

그가 82세로 세상을 떠날 때는 이미 억만장자가 되어 있었다.

오크브룩에 있는 맥도널드 본사 건물은 지금도 밤늦도록 불이 켜져 있다고 한다. 데이 크록이 주장한 사업 방법의 비결은 이러하다.

'맥도널드사 직원에게 박사학위를 요구하지는 않는다. 다만 배워서 깨우치려는 노력과 의욕이 있어야 한다.'

성공의 비결은 바로 '노력'이었다.

낮은 학력으로 성공한 발명가 중 대표적인 사람은 에디슨, 마쓰시타, 와트, 패러디 등 수없이 많다. 에디슨은 세계적인 발명왕이 되었고, 와트는 산업혁명의 계기가 된 증기기관을 개량했으며, 패러디는 전화시대를 크게 앞당긴 전자

1. 발명은 노력이 최고다

유도현상을 발견했다. 마쓰시타는 세계적 기업인 마쓰시타 그룹을 이루어냈다.

이들은 모자라는 학력이지만 스스로 전문 지식을 터득했다. 에디슨은 수학자 앱톤과 기술자 오토, 그리고 변리사 롤리 등을 고용하여 자신의 부족한 지식을 해결했다. 패러디는 데이비 박사의 조수를 자청하여 전문지식을 익힐 수 있었다. 또 마쓰시타와 와트는 독학으로 전문지식을 깨우쳤다.

따라서 학력이 좋으면 남들보다 우월한 위치에서 출발할 수 있을지는 몰라도 그것이 꼭 결승점까지 이어진다는 보장은 없다는 것을 알 수 있다.

다음으로 성공의 조건이 재력이라고 한다면 미국의 대통령 링컨을 살펴보자.

에이브러햄 링컨의 아버지는 구두를 만들어 팔던 가난한 제화공이었다. 이렇게 신분이 낮고 천한 제화공의 아들이 대통령에 당선되자 귀족들은 몹시 못마땅했다. 그래서 링컨의 약점을 찾기에 혈안이 되어 있었다.

생활 속의 발명

링컨이 취임연설을 하기 위해 의회에 도착했을 때, 한 늙은 의원이 이렇게 비아냥거렸다.

"링컨 씨, 당신의 아버지는 한때 내 구두를 만들던 사람이었소, 이 곳에 있는 의원들 중 상당수가 당신의 아버지가 만든 구두를 신고 있어요. 그런 형편없는 신분으로 대통령에 당선된 사람은 아마 없을 거요."

그러자 링컨은 불의의 공격에 조금도 불쾌한 감정을 드러내지 않고 오히려 잔잔한 미소를 지으며 이렇게 말했다.

"취임연설 전에 아버지를 상기시켜 주셔서 감사합니다. 제 아버지는 구두의 예술가였어요. 혹시 아버지가 만든 구두에 문제가 생기면 즉시 말씀해 주십시오. 제가 잘 수선해 드리겠습니다."

링컨이 평생동안 학교에 다닌 기간은 채 1년이 되지 않았다. 그리고 그는 스무 살까지 손에서 도끼자루를 놓지 않아 그의 손바닥은 항상 굳은살이 박혀 있었다. 직업도 다양하여 노동자, 농부, 뱃사공, 장사꾼, 품팔이, 우체국직원, 변호사 등이 그것이다.

그는 한때 세상에서 가장 불행한 사람으로 불렸으리 만

1. 발명은 노력이 최고다

치 고난의 연속인 세월을 보내기도 했다. 그러나 그는 미국의 역대 대통령 중 가장 위대한 인물로 손꼽히고 있다.

영국의 존 메이저 수상은 매우 가난한 가정에서 태어났다. 그는 열여섯 살 때 학교를 중단하고 가족을 부양하기 위해 노동현장에 뛰어들었다. 그는 새벽부터 공사현장에서 콘크리트를 반죽했다. 그리고 두 시간의 새벽노동을 마치고는 간단한 토스트로 아침식사를 대신해야 했다. 그러나 그는 훌륭한 수상이 되었다.

돈이 많다고 해서 반드시 성공한다고 말할 수 없는 예화들이다.

백 그라운드, 혹은 배경이나 환경이 좋다고 해서 그것이 반드시 성공과 연결된다고도 볼 수 없다.

미국의 강철왕이며 자선사업가인 카네기는 '실패한 사람들의 공통점' 10가지 중 하나가 삶의 목표 없이 인생의 지름길을 찾느라 많은 시간을 허비하며 노력은 하지 않고 성공의 왕도만 찾아다니는 것이라고 지적했다. 성공의 지름길은 다름 아닌 '노력'이라는 말이다.

생활 속의 발명

미국의 소매상협회에서 세일즈맨의 거래실적과 집념의 상관관계를 연구하여 공개했다. 물건을 판매할 때 세일즈맨 중 48%는 단 한 번 권유하고 포기한다고 한다. 두 번 권유하는 사람은 25%이었다. 세 번 권유하는 세일즈맨은 15%이었다. 세일즈맨 중 오직 12%만이 네 번 이상 권유한다고 응답하였다.

그런데 놀라운 사실은 네 번 이상 권유하는 12%의 세일즈맨이 전체 판매량의 80% 이상을 차지하고 있다는 것이다. 결국 88%의 세일즈맨이 판매한 상품은 고작 20%에 불과했던 것이다.

열 번 찍어 안 넘어가는 나무가 없다고 했다. 단순히 상품을 판매하는 데도 이런 무서운 집념이 필요한데 하물며 새로운 것을 만들어내는 발명에 있어서야 노력 외에 왕도가 있을 수 없을 것이다.

"신은 무엇을 만들었는가?"

이 구절은 1844년, 워싱턴과 볼티모어 간의 전신선을 통한 첫 전문으로 쓰여졌다.

1. 발명은 노력이 최고다

　　이 전신을 창안 발명한 사람은 사무엘 모리스이며 그는 20세 때 화가를 지망하여 유럽에서 공부를 마치고 뉴욕대학에서 미술교수로 재직하고 있었다.

　　그런데 1832년 어느 날, 프랑스 여행을 마친 그가 사리호라는 배를 타고 집으로 돌아오는 길에 잭슨이라는 전기학자가 실험하는 전자석을 보게 되었다. 그 순간 문득 그의 머릿속에 한 생각이 떠올랐다.

　　'전자석의 원리를 전신에 이용하면 어떨까?'

　　그는 미국에 돌아오자 곧 교수직을 버리고 전신기의 연구에 몰두했다. 그의 나이 40세가 넘어서였다. 그로부터 4년간 연구에 몰입한 결과, 그 노력이 헛되지 않아 1836년에 연구가 완성되었다. 그는 뉴욕대학 회의실에 518m의 전선을 펴고 송수신 실험을 하였다.

　　"야호, 드디어 성공이다."

　　그는 이 후에도 연구를 거듭하여 워싱턴과 볼티모어 사이에 전신선을 가설하고, 전문을 처음으로 송신하였는데 이것이 세계 최초의 전신사업이 된 것이다.

　　'로마는 하루 아침에 이루어지지 않았다'라는 격언이 말

생활 속의 발명

해주듯 성공 뒤에는 이렇듯 숨은 노력이 있게 마련이다.

요즘은 어디를 가든지 고층 아파트나 고층 빌딩을 볼 수 있다. 우리 인간이 고층 건물을 건설할 수 있는 것은 '철근 콘크리트 법'을 발명했기 때문이다. 이 철근 콘크리트를 발명하게 된 것은 '모니에'라는 프랑스의 원예가에 의해서이다.

화분에 화초를 재배하여 파는 모니에는 견고한 화분이 절실하게 필요했다. 화분이 너무 쉽게 깨져 버려 보관과 운반이 무척 어려웠기 때문이다.

당시의 화분은 진흙으로 모형을 만든 다음 불에 구운 것이 전부여서 작은 충격에도 쉽게 깨지곤 했다.

"아휴, 또 깨졌군!"

어느 날, 모니에는 자신이 직접 견고한 화분을 만들 것을 결심했다.

'화분을 튼튼하게 만드는 좋은 방법이 없을까?'

궁리 끝에 모니에는 시멘트와 모래를 섞어 물로 반죽해 굳힌 콘크리트 화분을 만들었다. 콘크리트 화분은 흙으로 만든 화분보다 훨씬 견고했다. 그러나 이 정도로는 만족할 수 없었다.

"좀 낫긴 한데 아직도 모자라!"

그래서 모니에의 연구는 그 후로도 2년 동안이나 계속되었다. 그 동안 만들어 본 화분의 종류만 해도 백여 가지가 넘었다.

그러던 어느 날, 모니에는 철사 그물로 화분 모형을 만

생활 속의 발명

든 다음 시멘트를 입혀 보았다. 이 화분은 심한 충격이 가해지기 전에는 좀처럼 깨지지 않았다.

"왓! 성공이다."

그는 즉시 특허 출원하여 등록을 받았다. 1867년의 일이다.

그 후 모니에의 화원은 순식간에 파리 제일의 명소로 떠올랐다. 프랑스 전역에서 그가 만든 화분을 사려는 사람들로 장사진을 이루었다.

"화분 주세요"

화분 판매만으로도 연간 1백만 프랑의 수익을 올리게 되었다.

"이 정도면 됐어! 쩝."

큰돈이 모아지자 모니에는 자신의 화원을 현대화하기로 했다. 경사진 곳에는 계단을 만들고, 개울에는 다리를 만들기로 했다.

이 때 모니에는 화분을 만든 아이디어를 인용하여 철사 그물 대신 철근을 넣어 계단과 다리를 만들었다. 세계 최초의 철근 콘크리트 법을 이용한 시공이었다.

1. 발명은 노력이 최고다

‘이만하면 훌륭하군!’

모니에의 철근 콘크리트 법이 세상에 알려지자 가장 먼저 그를 찾아온 사람이 독일의 건축가인 ‘와이스’였다.

철근 콘크리트 법이야말로 장래 토목 건축용의 재료로서 제일이 될 것이라고 확신한 와이스는 모니에를 찾아와 특허권을 팔 것을 제의했다.

“모니에 씨, 철근 콘크리트 특허권을 제게 파십시오. 2백만 마르크를 드리겠습니다.”

“좋소, 와이스 씨.”

계약은 즉석에서 이루어졌고, 모니에는 프랑스 제일의 원예가로, 와이스는 독일 제일의 건축가로 성공할 수 있었다. 그러나 이런 성공이 있기까지는 모니에가 2년 동안 1백여 종류의 화분을 만들며 연구한 노력이 있었음에 주목해야 할 것이다.

미국 시카고에 네이슨 헐리스라는 40대의 남자가 조그만 미용재료상을 경영하고 있었다. 헐리스는 구멍가게 주인이었지만 큰 꿈을 가지고 있었다.

생활 속의 발명

'나도 발명이 성공하면 대실업가가 될 수 있다. 이제까지는 여러 가지 고안해 보았으나 그것이 제대로 적중하지 않았을 뿐이다. 언젠가는 때가 오겠지.'

그리고 그는 화장품의 발명에 몰두하고 있었다.

어느 날, 그는 평소처럼 화장품을 납품하기 위해 근처의 미용실에 갔다. 미용실 안에서는 여러 명의 젊은 여성들이 머리에 파마를 하고 있었다. 그 중에는 그의 아내도 끼어 있었다. 그런데 머리를 태우기라도 할 것처럼 뜨거운 열기를 내뿜고 있는 커다란 통 같은 것을 뒤집어쓰고 있는 여인들의 모습은 보기에도 매우 딱했다. 그뿐만이 아니었다. 아무리 아름다워지기 위해서라지만 비싼 돈을 주고, 오랜 시간 그런 고문(?)을 받을 필요가 있을까 하는 생각도 들었다.

'집에서 간편하게 파마를 할 수 있는 기구가 있으면 좋을 텐데…….'

그의 머릿속을 순간적으로 스치는 아이디어가 있었다.

단숨에 집으로 달려온 그는 곧 연구에 착수했다. 헐리스는 우선 참고서적을 뒤적이고, 전문가들을 만나 모자라는 지식을 채웠다. 그런 다음 웨이브액 중화제와 머리를 마는

1. 발명은 노력이 최고다

클립(clip), 그리고 고무밴드를 만들어냈다.

특허 출원을 마치고 난 뒤, 그는 이것을 다시 분홍과 흰색의 선으로 꾸며진 예쁜 상자에 넣어 판매에 나섰다.

그러자 여성들이 이 편리한 파마기구를 사기 위해 줄을 섰다.

"됐다, 됐어!"

이 때가 1944년으로 첫해는 80만 달러, 이듬해는 400만 달러의 매출을 올렸다.

1946년에는 '토니 파마'라는 상호와 상표가 미국 전역에 알려졌다. 다음 해에는 프랑스와 영국에까지 진출했다.

헐리스는 광고에도 남달리 신경을 썼다. 쌍둥이 여성을 등장시켜 한쪽은 토니 파마를 이용하고, 다른 한쪽은 미용실에서 돈과 시간을 들여가며 파마를 하는 모습을 비교하여 어느 쪽이 토니 파마인가를 알아 맞히도록 한 것이다. 이로 인해 1백만 명의 여성들이 토니 파마세트를 구입했다.

그는 또 여섯 쌍둥이를 모아 한 쌍은 영국에, 또 한 쌍은 프랑스 등으로 보내 세계 각국에서 홍보하도록 했다.

하늘 높은 줄 모르고 치솟는 토니 파마의 인기 때문에

생활 속의 발명

1. 발명은 노력이 최고다

큰 타격을 받은 미장원에서는 이를 만회하기 위해 1백만 달러의 자금을 모아 역선전에 나섰지만, 뚜렷한 장점을 갖추고 있는 토니파마의 열기를 누르기에는 역부족이었다.

이 놀라운 성장을 지켜본 질레트사는 헐리스의 특허를 2천만 달러에 사들였다. 그리고 헐리스를 부사장 자리에 앉혀 놓았다.

헐리스의 꿈은 그의 열정과 노력에 의하여 40대 중반에 실현된 것이다.

또한 자기의 전문분야가 아니면서도 노력에 의해 자기 분야와 무관한 발명을 하게 된 사람도 수없이 많다.

때와 장소에 구애받지 않고, 간단하게 한 끼 식사를 대신할 수 있는 샌드위치는 동서양은 물론이고, 어른 아이 할 것 없이 인기식품으로 자리를 굳히고 있다. 이 간편식은 프랑스의 샌드위치 백작이 만들어낸 작품이다.

1870년경으로 추측되는 19세기 후반, 프랑스의 귀족들이 모여 살던 파리의 중심가에서 노름판이 벌어지고 있었다.

생활 속의 발명

백작이라면 지덕을 겸비하고, 만인의 존경을 받는 인텔리겐치아를 연상하게 마련이지만 샌드위치 백작의 경우는 좀 달랐다.

재산은 넘치지만 마땅히 마음 둘 곳이 없자 그는 노름판에 푹 빠져 버린 것이다. 처음에는 단순히 심심풀이로 시작했지만 점차 심해져서 하루 일과가 아예 노름판에서 시작되어 그 곳에서 끝났다. 세월이 흐를수록 그 정도는 심해져 갔다.

잠을 설치는 것은 물론이고, 식사까지 걸러 가며 노름에만 매달리게 되자 자연히 백작의 몸은 하루가 다르게 쇠약해졌다.

'노름을 즐기면서 짧은 시간 동안 맛있게 먹을 수 있는 음식은 없나?'

마침내 백작의 생각이 여기에 미쳤다.

그는 하인을 시켜 파리 시내를 샅샅이 뒤졌지만 마음에 쏙 드는 음식은 찾아낼 수 없었다. 그러자 백작 자신도 답답했지만 하인들 또한 걱정이 태산이었다.

"큰일이야, 백작께서 잘못되면 우리들도 화를 면키 어려

1. 발명은 노력이 최고다

울텐데……."

애를 태우던 하인들이 궁여지책으로 빵과 고기, 채소 등을 으깨 버무려 밤알만하게 뭉쳐서 노름에 미쳐 있는 백작의 손에 쥐어 주었다.

"음, 먹을 만하군……. 어떻게 만들었지?"

하인의 설명을 듣고 있던 샌드위치 백작의 머리가 빠르게 돌아갔다.

생활 속의 발명

‘빵과 빵 사이에 고기와 채소를 넣어 익힌다면…….’

그가 하인들을 시켜 만든 새로운 식품은 노름판의 사람들을 감탄케 했다.

‘그것, 생각보다 반응이 괜찮은데. 많이 만들어내면 돈벌이가 되겠구나.’

샌드위치 백작은 ‘고기와 채소를 넣은 식빵’이라는 명칭으로 특허 출원을 마치고 대량생산을 지시했다.

폭발적인 인기리에 파리는 물론이고, 프랑스 전역으로 번져 나갔다. 이 때부터 사람들은 복잡한 명칭 대신 발명가의 이름을 따 샌드위치라고 불렀다.

샌드위치의 인기와 함께 백작의 주가도 하늘높이 치솟았고, 백작은 이를 계기로 노름에서 손을 뗀 뒤 성실한 관리로 되돌아갔다.

꼭 자기분야가 아니더라도 도전하는 용기, 모자라는 지식과 학력을 극복할 수 있는 힘은 끈질긴 노력에서 비롯되며 노력이야말로 발명을 성공으로 이끄는 원동력이 될 것이다.

1. 발명은 노력이 최고다

쓸수록 좋아지는 것이 머리다

의학의 발달로 인간의 수명이 길어지고, 노령화가 되면서 사회문제로 등장한 것 중 하나가 치매노인의 문제다.

옛말에 '긴 병에 효자 없다'는 말도 있지만, 오줌·똥을 싸서 벽에 바르고, 철모르는 어린이들처럼 손으로 주무르는 노인들의 모습이 결코 아름다울 수만은 없을 것이다. 그러다 보니 이를 보다못해 관광지에 버리거나, 노부모를 모시지 않으려는 자식들이 서로 다투면서 갈등을 겪는 모습을 흔히 보게 된다.

급기야 치매에 대한 연구가 시작되고, 전문병원까지 등

장하고 있지만 나이를 먹어 가는 사람들에겐 남의 일처럼 생각되지 않고, 현실적인 문제로 대두되면서 불안을 가중시키고 있다. 그런데 이 치매를 예방하는 방법 중 하나가 머리를 계속해서 쓰는 일이다.

무언가를 외우고, 끊임없이 사용해서 머리가 녹슬지 않도록 하는 방법이다.

하긴 자동차나 기계도 사용하지 않고 가만 내버려두면 얼마 못 가서 녹이 슬고, 결국 못쓰게 되는 것을 볼 수 있다.

그렇다면 사람의 머리는 어느 정도의 기능과 한계를 가지고 있는 것인지 따져 보는 것도 의미가 있을 듯하다.

인간이 동물과 다른 점은 생각할 수 있는 힘이 있다는 것이다. 그로 인해 현대의 우리는 각종 문명의 혜택을 누리며 첨단 과학의 길을 걷고 있다.

그러면 인간의 능력은 어디까지일까?

사실 우리 인간의 육체적 한계는 이미 정해져 있다. 새처럼 하늘을 날 수도 없고, 물고기처럼 물 속에서 살거나,

치타처럼 빨리 달릴 수도 없다.

밀폐된 공간에서 조금만 있어도 호흡을 할 수 없고, 갈비뼈 하나만 부러져도 움직이기 힘든 나약한 육체를 가진 것이 곧 우리 인간이다.

그러나 인간의 두뇌활동은 시공을 초월하며 한계가 없고, 쓸수록 좋아지는 것이 머리다.

인간의 두뇌는 인체 중에서 가장 빨리 발달하는 부분이다. 머리의 무게는 태어난 후, 6개월이 되면 출생시 무게의 2배, 첫돌이 지나면 3배 정도로 증가하는데 이는 성인의 대뇌무게와 비교했을 때 67%에 해당된다.

뇌는 발달의 정도에 따라 개인차가 있기는 하지만 2세에 성인의 대뇌 무게의 75%에 도달하고, 5세에 성인의 크기에 도달한다.

지능(intelligence)이라는 용어는 모호하고 정의하기 어려운 개념이지만 심리학자들이 내린 정의를 요약하면 다음과 같다.

① 빠르고 정확하게 학습하는 능력

② 문제를 해결하기 위해 추상적 개념을 사용하는 능력

③ 새로운 상황이나 낯선 상황에 적응하는 능력이다.

개인의 지능은 직접적으로 관찰될 수 없고, 행동으로부터 추론될 수밖에 없지만 대부분의 인지능력은 아동기를 전후하여 모두 형성된다.

그렇기 때문에 정상적인 발달을 하는 어린이의 경우 가정과 사회의 관심 속에서 유전과 환경의 상호작용에 의해 신체, 운동, 감각, 지각, 학습, 인지, 언어발달과 함께 사회적·도덕적·정서적으로 성장을 하게 되는 것이다.

다시 말해서 인간의 사고능력은 저절로 생겨나는 것이 아니라, 학습과 교육을 통해 발달된다. 그렇기 때문에 생각할 기회를 빼앗기거나, 적절한 환경과의 상호작용이 이루어지지 않고 교육을 제대로 받지 못하면 인지·사고 능력에 제한을 받게 된다. 즉 쓰지 않는 머리는 녹슬고 만다.

예를 들면 인도에서 발견된 늑대소녀의 이야기가 이 사실을 입증하는 셈이다. 인도의 캘커타 부근에서 두 늑대소녀가 발견되었다. 그들은 늑대에 의해 길러졌기 때문에 인간의 말을 할 수 없었고, 행동 또한 늑대와 흡사했다.

2. 쓸수록 좋아지는 것이 머리다

그들 중 8세의 카마라는 인간에게 발견된 뒤 약 9년을 더 살았다. 그 동안 카마라는 인간으로 행동하는 법을 배웠으나 때때로 늑대의 습성으로 돌아가 사고능력의 발전에 한계가 있음을 잘 보여주었다.

이처럼 인간의 머리는 기계와 비슷하여 닦고, 조이고, 기름을 쳐주면 아주 활발하게 움직이지만 쓰지 않은 채 방치되면 녹슬고 만다.

그렇다고 무턱대고 생각만 한다고 해서 머리가 다 좋아지는 것은 아니다. 모든 일에는 순서와 방법이 있듯이 두뇌를 훈련하고 아이디어를 생산하는 데도 방법이 있다.

우선 사물을 분석적으로 보고, 사용할 용도를 생각해 보자. 아무리 하찮은 것이라 할지라도 상관없다.

좀더 구체적으로 말한다면 한 개의 못이나 볼펜, 종이 한 장이라도 꼼꼼히 살펴보자. 물체는 각각 그 자신만이 가지고 있는 고유의 특성이 나타날 것이다.

예를 들어 붉은 벽돌 한 장을 놓고 살펴보자.

'벽돌은 어떤 특성을 가졌는가?'

생활 속의 발명

될 수 있는 한 상상력을 총동원하여 생각해 보자. 다소 엉뚱하다 싶어도 상관없다. 사실 모든 아이디어는 엉뚱한 착상에서부터 시작된다.

벽돌을 관찰한 결과 얻을 수 있는 특성은 '단단하다', '무겁다', '붉은 빛깔을 띤다', '입방체이다', '으깨면 가루가 된다', '촉감이 거칠다' 등으로 나타날 것이다.

물론 이 외에도 많겠지만 공통적으로 집약한다면 이런 특질을 가졌다.

여기까지 진행되면 생각의 범위가 좁혀지는 셈이 된다. 그러면 다음 단계로 넘어가 보자.

'이 특성을 이용하여 무엇을 할 수 있을까?'

우선 단단한 속성으로는 호도를 깔 수도 있고, 망치 대용 혹은 흉기로 이용할 수도 있을 것이다. 무겁다는 속성을 이용하여 저울의 추로 쓰거나 배추 등을 절일 때 누름돌, 혹은 포환던지기 등의 연습용 도구로 이용할 수 있다.

입방체의 모양, 거친 촉감 등은 유치원에서 어린이의 학습용 도구로 사용할 수 있다.

으깨면 가루가 되기도 하고, 그 속성을 이용하여 원하는

2. 쓸수록 좋아지는 것이 머리다

생활 속의 발명

모양대로 깎아 조각품을 만들 수도 있다. 계속해서 생각해 보면 쓰일 곳은 무궁무진하다. 어린이용 의자, 소꿉놀이용 밥상, 문 받침대, 장난감 블록, 책꽂이 대용품, 그리고 경우에 따라서는 책받침도 될 수 있다.

위대한 발명품들 중 여러 가지가 모두 이러한 사고과정에서 태어난 것이다. 그래도 이렇게 말하는 사람들이 종종 있다.

"아무리 그래도 나는 머리가 나빠서 안 돼요."

과연 그럴까?

요즘 백화점 등에 가면 흡사 버뮤다 삼각지대처럼 사람의 은밀한 부위만을 살짝 가릴 삼각팬티가 부끄러운 줄도 모르고 진열대에 많이 진열되어 있다.

과연 누구의 발명품일까? 얼른 생각으로 활동적이고 젊은 디자이너를 떠올리기 쉽지만 어리광을 부리는 손자들에게 둘러싸여 한가롭게 지내는 50대 중반의 할머니다.

발명가에 대하여 유난히 말이 많지만 맨 먼저 특허 등록을 한 사람은 누가 뭐래도 일본의 사쿠라이 여사이다.

2. 쓸수록 좋아지는 것이 머리다

사쿠라이 할머니는 일명 마이크로 팬티로 불렸던 '삼각 팬티', 꿰맨 곳이 줄어든 '유니크 팬티', 스타킹을 겸한 '타이즈 팬티', 아기 기저귀 커버를 겸한 '유아용 아톰팬티' 등 팬티 시리즈만으로 돈방석에 올라앉은 특별한 발명가이다.

그녀에게는 젊은 시절 의류 소매상을 한 것이 옷과 관련된 인연의 전부였다.

삼각팬티는 지극한 손자사랑의 산물이다. 나이가 들어 집에서 손자들을 돌보던 사쿠라이 여사는 어느 여름 날, 아이들이 무릎까지 닿을 정도로 긴 속옷에 몹시 불편을 느끼는 것을 발견했다.

"저런, 쯔쯔. 더운데……."

당시는 동서양을 막론하고 반바지에 가까운 속옷밖에 없었기 때문에 겉옷을 입기에도 불편했다. 게다가 여름에는 여간 성가신 것이 아니었다.

'속옷의 구실은 단지 가리는 것일 뿐, 쓸데없는 부분까지 길게 만들 이유가 없지 않은가?'

생각이 여기에 미친 할머니는 문제를 의외로 간단 명료하게 풀어 나갔다.

생활 속의 발명

테트론이라는 천으로 만든 헌 자루에 가위를 대고 싹둑 잘랐다. 다리가 들어갈 수 있도록 구멍을 내고, 봉제를 한 것이 삼각팬티가 된 것이다.

"가볍고 편리한데요. 아주 산뜻해!"

너도나도 삼각팬티로 갈아입는 팬티 교체 신드롬을 타고 대히트했다. 때는 1951년의 일이었다.

"발명이란 것도 별거 아니네. 내친 김에 몇 가지 더 해볼까?"

곧바로 나온 팬티 시리즈 제2탄이 유니크 팬티였다. 그때까지는 허리와 엉덩이 곡선이 차이를 강조하기 위해 엉덩이 부분에 옷감을 덧씌우곤 했다.

그런데 사쿠라이 여사는 이것을 아예 생략해 버렸다. 착용감도 뛰어났고, 이어서 꿰맨 곳이 터질 염려도 없었다. 이 또한 히트작이었다. 때는 1954년.

이어서 처음부터 통으로 짠 천을 이용하여 만든 타이즈 팬티. 삼각팬티의 원리를 응용한 유아용 아톰팬티가 속속 발명되었다. 이것들은 일본 굴지의 의류업체인 도요레이온 사에 의하여 대량생산되었고, 곧 전세계를 휩쓸었다.

2. 쓸수록 좋아지는 것이 머리다

여사에게는 연간 30만 엔의 로열티와 기술고문이라는
직책이 주어졌다.

등반대의 필수품으로 손꼽히는 물통과 나침반을 하나로
만들어 크게 히트한 발명품이 있다.

'연필＋지우개'라는 하이만의 발명품과 같은 이 물통도
세계적인 발명으로 기록되고 있다.

야마시타는 등반 도중 산 속에서 길을 잃고 말았다.

'나침반이 어디 있지?'

그는 배낭을 뒤져 나침반을 찾았다. 그런데 그 날 따라
나침반을 잊고 가져오지 않았다.

'이거 큰일이네!'

주위는 어두워지고, 그가 가진 것은 허리에 찬 물통 하
나가 전부였다. 그는 가까스로 구출되었지만 오랫동안 후유
증에 시달렸다.

'앞으로도 나처럼 산 속에서 길을 잃고 헤매는 사람이 생
길텐데……. 그들을 도울 방법이 없을까?'

그는 자신의 경험을 떠올리며 해결책을 찾기 시작했다.

생활 속의 발명

‘방향을 찾기 위해서는 나침반이 필요한데. 잊어먹기 일 쑤고... 여행할 때 꼭 챙겨야 하는 필수품에 붙인다면?’

그는 물통 뚜껑에 나침반을 붙여 놓으면 걱정하지 않아도 될 것이라고 생각했다. 이것이 그를 발명가로 만들어 놓았다.

한 평범한 주부가 아들 둘을 데리고 공원을 산책하고 있었다. 그런데 아들이 쓴 모자가 바람에 날려 자꾸만 벗겨졌다.

“이런, 또야?”

주부는 모자를 눌러 씌워주며 몹시 안타까웠다.

‘바람이 불어도 벗겨지지 않는 모자는 없을까?’

그와 동시에 그녀는 모자에 신축성 고무밴드를 부착하면 될 것이라고 생각했다. 그녀는 집에 돌아와 직접 모자를 만들어 보았다. 그리고 이 상품을 들고 여러 회사를 찾아다녔다. 그러나 한결같이 절망적인 대답이었다.

“그 정도의 아이디어는 누구나 갖고 있어요. 집에서 살림이나 잘 하세요. 아주머니!”

2. 쓸수록 좋아지는 것이 머리다

　그녀는 이에 굴복하지 않고, 상품의 특허출원을 신청한 후, '바람에 날리지 않는 모자'를 생산하는 회사를 설립했다. 이 사실이 알려지면서 여러 회사에서 뭉칫돈을 들고 찾아와 공동생산을 제의했다.

　그리고 그녀는 한 기업으로부터 3년간 임대계약금으로 1억 5천만 원을 받았다. 현재는 국내외 업체들이 서로 앞을 다투어 계약을 요구하고 있다. 이 평범한 주부의 이름은 정

생활 속의 발명

용진이고, '포미나 모자'를 개발한 주인공이다.

이만하면 발명에 성공하지 못하는 원인은 머리가 나빠서라기보다 머리를 제대로 활용하지 못한 탓이라고 해야 옳을 듯하다는 것을 깨달았을 것이다.

미국의 사진 기술자인 이스트만이 저렴하고 간편한 카메라를 발명했다. 그는 이 카메라의 이름을 짓기 위해 며칠 동안 고민했으나 묘안이 떠오르지 않았다. 그러다가 한 친구로부터 이런 말을 들었다.

"사람들에게 가장 강력한 느낌을 주는 알파벳은 'K'야!'"

"그래? 우리 어머니 이름도 K로 시작되는데……."

그는 새로 만든 카메라 앞과 끝을 K로 고정한 후, 여러 알파벳을 중간에 끼워 넣어 보았다. 그 결과 가장 강렬하고 부르기 쉬운 단어가 코닥(Kodak)이었다. 이 단어에는 아무 의미가 없다. 그저 값싼 카메라를 의미할 뿐이다. 그런데 이 카메라가 전세계에서 폭발적인 인기를 모았다. 작은 아이디어 하나가 세계적인 상품을 탄생시킨 것이다.

발명품은 머리로 생각하여 손으로 만든다. 그리고 사업

은 더더욱 머리로 해야 한다.

그런데 사람의 머리는 쓰면 쓸수록 좋아지는 것이다. 많은 사람들과 이야기를 해보면 새로운 지식이 쌓이는 것처럼 많은 생각 속에서 아이디어가 떠오른다. 그것들이 모두 발명의 재산이 된다.

한 소년이 있었다. 소년은 다섯 살 때 겨우 입을 열었다. 글을 읽지 못해서 '멍청한 아이'로 불렸다. 산수는 항상 낙제점이었다. 소년은 담임 선생님으로부터 '환상에 사로잡힌 저능아'라는 평가를 받고 학교에서 퇴학당했다. 이 소년이 바로 세계적인 석학 알버트 아인슈타인 박사다.

또 한 소년이 있었다. 소년은 '하나에 하나를 더하면 왜 둘이 되나요?' 하고 따졌다. 어떤 날은 새끼를 낳겠다며 온종일 오리알을 품기도 했다. 담임 선생님은 소년을 '혼란스러운 문제아'로 지목하였고, 열세 살 때 퇴학처분을 받았다. 그 소년이 바로 발명왕 토머스 에디슨이다.

또 한 소년의 학교성적은 항상 꼴찌였다. 소년은 예술학교를 세 번이나 지원했지만 모두 낙방했다. 낙방의 이유는 '교육불능'이었다.

생활 속의 발명

소년의 아버지는 아들의 손을 잡고 집으로 돌아오며 통탄의 한숨을 쉬었다.

"왜, 하필 우리 집에 이런 바보가 태어났을까?'

이 소년의 이름은 바로 세계 최고의 조각가 로댕이다.

문제아, 저능아, 바보들에 의하여 세계의 역사는 다시 쓰여졌다. 그러므로 머리가 나빠서 안 된다는 말은 설득력이 없다.

어느 파티에서 한 귀부인이 유명한 사상가인 존 러스킨에게 값비싼 손수건을 내보이며 울상을 지었다.

"이 손수건은 최고급 실크로 만든 것인데 누군가가 여기에 잉크를 쏟아버렸어요. 손수건에 얼룩무늬가 생겨 이제는 아무 짝에도 쓸모가 없게 되었어요."

그러나 존 러스킨이 귀부인에게 말했다.

"부인, 그 손수건을 며칠간만 제게 빌려주십시오."

미술에 탁월한 재능을 갖고 있던 러스킨은 손수건의 잉크자국을 이용하여 아름다운 나무와, 숲과, 새의 모양을 그려 넣어 부인에게 돌려주었다.

2. 쓸수록 좋아지는 것이 머리다

　　손수건은 이전의 것보다 오히려 훨씬 고상하고 우아하
게 보였다.

　　"어머나, 너무 아름다워요!"

　　러스킨은 손수건을 받아들고 감격해하는 부인에게 이렇
게 말했다.

　　"잉크자국이 오히려 멋진 그림을 그려 넣는 동기가 되었
습니다. 이전의 손수건보다 훨씬 아름답지요."

생활 속의 발명

발명도 이와 마찬가지다. 아무리 하찮은 것이라도 머리를 쓰는 사람에게 붙들리면 새롭게 훌륭한 걸작품이 되고, 쓸만한 물건이라도 머리를 쓰지 않는 사람에게 잡히면 쓰레기로 둔갑하거나 더 못쓰게 될 뿐이다.

롤러스케이트는 스케이트에 바퀴를 단 아이디어에서 탄생되었고, 이것을 처음 고안한 사람은 백만 달러의 특허료를 받았다.

단지 쇠못이 싫어서 나무못을 만든 사람은 한 해에 50만 달러의 큰돈을 벌었다. 그 외에도 구두에 박는 징 하나로 거부가 된 구둣방 주인도 있고, 설탕봉지에 구멍 하나를 뚫어 백만 달러를 번 가난한 선원도 있다.

머리를 써서 생각하는 버릇을 습관화하자. 쓸수록 더 좋아지는 머리는 한없는 보물창고와 같고, 요술램프와도 같다. 창고를 열어 보물을 갖고, 요술램프에 소원을 빌어 보라. 미래가 찬란하게 열릴 것이다. 그리고 머리를 쓰는 지혜야말로 신이 인간에게 주신 최고의 선물이라는 것을 깨닫게 될 것이다.

2. 쓸수록 좋아지는 것이 머리다

물음표(?)로 세상을 살라

　우리 인간이 세상을 살아가는 동안 수없이 던지는 질문
이 있다.

　"왜? 무엇 때문에? 어떻게 해서?"

　이 물음표 하나로 인간의 존재의미를 찾던 사람들은 철
학자가 되고, 그 의미를 형상화하거나 글로 표현한 사람들
은 작가가 되었다. 그리고 편리함을 추구한 사람들은 문명
세계를 열어 가는 과학자나 발명가가 되었다.

　단순히 '왜?'라는 질문 하나가 인간들로 하여금 발견, 발
명을 하게 한 것이다.

생활 속의 발명

'왜? 인간은 새처럼 날 수 없을까?'

'왜? 음식은 시간이 지나면서 부패할까?'

'왜? 인간의 몸에 병이 날까?' 등.

이 '왜?'라는 물음은 과학문명이 고도로 발달되었음에도 불구하고 현재까지도 계속되고 있다.

갓난아기의 기저귀 여밈에서부터 시계밴드, 허리띠, 운동화 끈, 주머니 덮개, 기차의 좌석커버, 우주복에 이르기까지 폭넓게 사용되는 매직테이프.

스위스의 조르즈 도메스트랄은 이 작은 발명으로 세계 1백대 기업 중의 하나인 '벨크로사'를 탄생시켰는데 이 발명품이 '왜?'라는 질문에서 시작된 작품이다.

도메스트랄은 기술자가 되려고 했지만 모든 게 여의치 않자 취미로 사냥을 시작했다. 재미 삼아 시작한 사냥이었지만 아예 푹 빠져서 사냥광이 되다시피 한 어느 가을 날, 그는 여느 때와 다름없이 애견을 데리고 사냥에 나섰다.

"토끼다! 번개야, 뛰어!"

사냥감을 발견한 개가 앞서 달리자, 정신없이 뒤따라가던 도메스트랄은 그만 산우엉이 우거진 숲속으로 뛰어들게

3. 물음표(?)로 세상을 살라

되었다.

사냥개의 도움으로 고생 끝에 산토끼를 잡는 데는 성공했지만, 숲에서 나온 그의 모습은 볼 만했다. 옷 전체에 산우엉 가시가 더덕더덕 붙어서 고슴도치처럼 된 것이다.

그는 옷을 벗어 힘껏 털어 보았다. 그러나 가시는 좀체 떨어져 나가지 않았다. 그의 머릿속에 의문이 생겼다.

'왜? 산우엉 가시는 잘 떨어지지 않는 것일까?'

모두들 대수롭지 않게 지나치는 것이 보통이었던 일에 그는 물음표(?)를 던진 것이다.

'틀림없이 이유가 있을 거야.'

그래서 집으로 돌아온 그는 확대경으로 산우엉 가시를 자세히 살펴보았다. 순간 그의 머릿속에서 무엇인가가 빠르게 스치고 지나갔다.

'그렇군, 바로 그거였어!'

그는 곧 한쪽에 갈고리가 있고, 다른 쪽에는 걸림 고리가 있는 테이프를 만들어 서로 붙여 보았다.

그의 예상은 적중했다. 양쪽 면이 서로 닿는 순간 철컥 달라붙었다. 그것에 약간의 힘을 가하면 '지지직' 소리와 함

생활 속의 발명

께 다시 떨어졌다.

'이것 참, 신기하고 편리한데.'

도메스트랄은 특허를 출원하고, '벨크로'라는 상호와 상표 아래 매직 테이프의 생산에 들어갔다.

복잡한 공정도 필요 없어 자신이 직접 기술자겸 사장으로 운영하기 시작한 벨크로사는 몇 해가 지나지 않아 미국과 일본에 현지 공장을 세울 정도로 번창했다.

때맞춰 제 2차 세계대전이 터지면서 군복과 군화에까지 채택되어 세계적인 기업으로 성장할 수 있었던 것이다.

일본에도 발명학회라는 단체가 있다. 회장은 세계적인 발명 저술인이자 발명가인 도요자와 도요오.

우리 나라에서는 매월 한 차례의 발명교실이 개최되지만 도요자와가 운영하는 발명교실은 매주마다 어김없이 열리고 있었다.

이 발명교실에 빠짐없이 참석하는 사카이라는 완구발명가가 있었다. 사카이는 발명교실에 나올 때마다 이런 불만을 털어놓았다.

"내가 만드는 완구용 강아지가 하루에 50마리만 팔려도 먹고 살 수 있겠는데, 아무리 기를 쓰고 노력해도 30마리밖에 팔리지 않아요."

그러자 도요자와가 말했다.

"강아지가 팔리지 않는 것은 손님들의 심리를 잘 파악하지 못했기 때문인 것 같은데……, 그렇다면 좀더 색다른 강아지를 만들어 의장 출원해 보는 것이 어떨까요?"

도요자와의 조언을 듣고 난 사카이는 자신의 강아지에 의문을 던졌다.

'이 스피츠를 사는 사람들은 도대체 어떤 스피츠를 원하고 있을까?'

질문을 던져놓고 생각하자 곧 해답이 나왔다.

'그래, 모두들 귀여운 것을 원하지!'

그래서 사카이는 귀여움이 어디서 나올까를 생각하면서 자기 집의 강아지를 응시했다.

'만일 이 강아지가 빨간 혀를 내밀고 있다면…….'

그러나 혀를 만들려면 입을 벌린 다음 그 안에 빨간 헝겊을 붙여야 하므로 무척 많은 노력이 들 것이었다. 그렇게

생활 속의 발명

되면 가격이 비싸지므로 어느 업자도 혀를 붙이려 하지 않을
것이다.

'같은 가격으로 빨간 혀를 붙일 수 있는 방법이 없을까?'

그는 이렇게 질문을 던져놓고 오직 그것만을 생각하기
시작했다.

마침 그 무렵, 빨간 비닐 테이프가 어린이 공작용으로
판매되기 시작했다.

사카이는 그 테이프를 사다가 비스듬히 끊어서 접착제
를 발라 강아지의 입 속에 넣어보았다.

'음, 귀여워 보이는데!'

사카이는 이 강아지를 들고 다시 도요자와를 찾아갔다.

"사카이, 아주 훌륭합니다."

도요자와는 즉시 의장 출원을 하도록 안내해 주었다. 의
장 출원을 마친 사카이는 그 때까지 만들어 오던 강아지의
입에 당장 혀를 달았다. 혀를 다는 일은 아주 간단했다. 강
아지의 입 부분에 송곳으로 구멍을 뚫고 그 안에 비스듬히
끊은 빨간 테이프에 접착제를 발라 밀어 놓으면 혀가 단번에
완성되었기 때문이었다.

"히얏, 성공이다!"

하루 50마리만 팔려도 먹고 살 수 있으리라던 강아지는 순식간에 2천 마리가 팔려나갔다. 비록 간단한 아이디어였지만, 의장권이 지키고 있어서 모방품도 나오지 않았다.

빨간 혀 하나로 백만장자가 된 것이다.

"왜? 눈과 얼음이 있는 계절에만 스케이트를 탈 수 있지?"

생활 속의 발명

이 엉뚱한 물음이 롤러스케이트를 발명케 한 원인이 되었다.

요즘 도로 위, 좁은 골목길, 심지어 아파트 복도에서까지 어린이들이 즐겨 타는 롤러스케이트를 볼 수 있다. 이 롤러스케이트의 발명가는 제임스 플림톤이다.

미국 매사추세츠에 있는 작은 가구공장에서 외판원으로 일하던 플림톤은 어려서부터 소문난 재간꾼이었다. 덕분에 플림톤의 판매실적은 단연 최고였다. 그 결과 동료들에 비하여 비교적 여유 있는 생활을 할 수 있었다.

그러나 몸을 돌보지 않고 정신없이 일에 몰두하다 그만 신경통에 걸리고 말았다.

"아이고, 쑤셔!"

약을 써보았지만 백약이 무효였다.

의사는 투약보다는 스케이팅을 권유했다. 그러나 하루 종일 뛰어도 부족한 외판원에게 스케이팅은 사치였다. 무엇보다도 시간이 없었다.

그러나 가을이 지나고 겨울이 오면서 신경통이 더욱 악화되자, 스케이팅을 시작하는 것 외에는 달리 방법이 없었

3. 물음표(?)로 세상을 살라

다.

　"안되겠어. 스케이팅이라도 해야지."

　그는 큰맘 먹고 스케이팅을 시작했다. 의사의 말대로 과연 통증이 한결 줄어들었다.

　"이제 좀 살겠군."

　그런데 또다시 문제가 발생했다. 겨울이 가고 봄이 오자 눈과 얼음이 녹아버려 스케이팅을 할 수 없게 된 것이다. 또다시 플림톤의 신경통이 악화되었다.

　'눈과 얼음 위가 아니어도 스케이트를 탈 수는 없을까?'

　남들이 들으면 비웃을 생각이었지만 플림톤에게는 꼭 해결해야 할 과제였다. 그러나 금방 묘안이 떠오를 듯하다가도 생각이 조금만 진척되면 다시 꽉 막혀 버렸다.

　'틀림없이 무슨 방법이 있을 거야.'

　그러던 어느 날 저녁, 지친 몸을 이끌고 집으로 돌아온 플림톤은 문제의 실마리를 풀 수 있는 현장을 목격했다. 어린 아들이 바퀴 달린 장난감을 타고 방안을 빙빙 돌며 놀고 있는 모습이었다.

　'그렇지! 스케이트에 바퀴를 달면 되겠구나.'

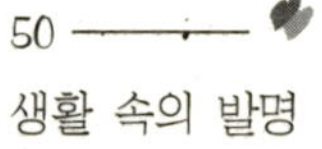

다음 날은 운 좋게도 쉬는 날이었다. 그는 날이 밝기가 무섭게 재료를 구해왔다. 두꺼운 판자와 작은 바퀴, 그리고 공구 등…….

그것으로 뒤꿈치와 발가락 밑에 각각 2개씩 모두 4개의 바퀴를 부착했다. '바퀴 달린 스케이트'가 완성되었다. 손으로 만들어 엉성하고 삐거덕거리기는 했지만 스케이팅을 하는 데는 손색이 없었다.

성능이 인정되자 그는 서둘러서 특허 출원을 마치고, 전문 제작업체에 제작을 의뢰했다. 때는 1863년 봄이었다. 롤러스케이트는 날개 돋친 듯 팔려나갔고, 사철 스케이팅으로 플림톤의 신경통은 말끔히 사라졌다. 이에 자신을 얻은 플림톤은 대규모 공장을 세우고, 전국 각지에서 '롤러스케이트 쇼'를 가졌다.

엄청나게 몰려든 관광객들의 입을 통해 롤러스케이트는 미국은 물론이고 유럽에까지 알려졌으며 당시 최대의 인기 스포츠로 떠올랐다.

요즘 주차장은 말할 것도 없고, 도로변이나 골목길 심지

3. 물음표(?)로 세상을 살라

어 손바닥만한 틈만 있어도 비집고 들어와 서 있는 것이 자동차다. 자동차는 모양이나 종류도 다양하지만 색깔도 다채롭다. 이 자동차에 페인트칠을 하다가 물음표를 던져 발명가가 된 사람이 있다. 바로 리처드 돌.

그는 미국인으로 작은 오케스트라에서 밴조를 켜다가 문구용품을 취급하는 3M사의 보조사원으로 입사했다. 입사 후, 리처드 돌이 처음으로 맡은 일은 제품 판매원. 그는 자동차 수리센터를 돌며 샌드페이퍼를 파는 것이 하루 일과였다.

당시에는 자동차가 그리 흔하지 않았기 때문에 칠이 군데군데 벗겨질 정도의 낡은 자동차라도 다시 칠하여 굴리는 것이 상례였다.

자동차의 차체를 다시 칠하기 위해서는 먼저 샌드페이퍼로 페인트칠을 말끔하게 벗겨야 하는데, 돌은 바로 여기에 필요한 샌드페이퍼를 팔기 위해 수리센터를 전전했던 것이다. 그 당시에는 차체를 두 가지 색깔로 장식하는 것이 유행되고 있을 때였다.

우선 한 가지 색을 칠한 다음, 그 부분을 종이로 덮고

생활 속의 발명

남은 부분에 다른 색을 칠하는 것이 도색작업의 순서였다. 그런데 경계부분에서 페인트가 번번이 종이 틈으로 스며들어 작업을 망치기 일쑤였다.

"아뿔싸, 또 스며들었어!"

이런 장면을 그냥 지나치지 않고 돌은 물음표를 던졌다.

'페인트가 번지는 것을 막을 방법이 없을까?'

그래서 생각해낸 것이 꼭 달라붙어 페인트가 베어들 틈이 없는 테이프였다. 그는 6개월 동안 2백여 번의 실험 끝에 아교와 글리세린을 배합한 강력한 접착용 풀을 만들어냈다.

"와, 됐다. 잘 붙었어"

그런데 또 문제가 발생했다. 이것의 상품화를 위해서는 둘둘 말아 쓸 수 있는 종이가 필요한데 걸맞은 소재를 발견할 수 없었던 것이다.

그런 상태로 1년 6개월이 지나자 지친 나머지 3M사는 돌에게 연구중단을 명령했다.

"리처드 돌, 연구를 그만 두시오."

모든 것은 원점으로 돌아갔다.

'아, 이렇게 끝내야 하나?'

돌은 좌절감으로 또 하나의 물음표를 자신에게 던졌다. 그런데 바로 그 날, 돌은 너무도 가까운 곳에서 해결의 실마리를 찾았다.

'앗, 저거다! 등잔 밑이 어둡다더니…….'

다시 샌드페이퍼 판매원으로 돌아갈 생각으로 비탄에 젖어 있던 돌은 자리에서 벌떡 일어났다. 페인트를 벗기는 데 사용하던 샌드페이퍼를 만드는 종이가 바로 그 해답이 된 것이다. 두껍고 질긴 이 종이는 둘둘 말아도 풀리지 않아 강력한 접착력을 그대로 보존해주는 받침대 역할을 훌륭하게 소화해냈다.

'강압 접착테이프'라는 이름으로 특허출원이 이루어지고, 뒤를 이어 이것을 응용한 공업 및 의료용 반창고도 속속 발명되었다. 이 때가 1925년.

리처드 돌은 입사 후 4년 만에 책임연구원으로 승진했고, 3M사는 이후 5년 동안 연간 50만~70만 달러의 순이익을 올렸다. 3M사가 대기업으로 변신하는 순간이었다.

1930년 1월, 전세계가 대공황에 빠졌을 때에도 3M사만은 호황을 누렸다. 접착테이프의 인기가 어떠했는가를 단적

생활 속의 발명

3. 물음표(?)로 세상을 살라

으로 보여준 것이다.

이렇게 해서, 요즘 약방의 감초처럼 우리 생활의 구석구석에서 활용되고 있는 접착제가 탄생되었다.

무엇이든 물음표(?)의 눈으로 바라보고, 그것이 생활의 전부였던 사람이 있었다. 산업용 고무 제조법 발명으로 유명한 굿이어.

그는 스펀지 고무 발명가이기도 하다. 비록 사업에는 실패했지만, 고무에 관한 한 전무후무한 세계적인 고무 발명가로 손꼽히는 사람이다. 세계적인 타이어 메이커인 굿이어 타이어도 그의 이름에서 비롯된 것이다.

굿이어는 무엇에건 의문을 제기하는 바람에 생활 자체가 발명의 연속이 되었다. 특히 고무에 있어서는 아예 미쳐 버릴 정도였다. 그는 모자, 옷, 신발, 장갑 등을 모두 고무로 만들어서 입고 다녀 미친 사람 취급을 받기도 했다. 고무의 대혁명으로 불리는 스펀지 고무도 바로 이 물음표의 눈에서 비롯된 발명이다.

어느 날, 점심 식사시간이었다.

생활 속의 발명

"여보, 이 빵 어때요?"

그의 아내가 가져온 빵은 그 동안 먹어왔던 빵과는 전혀 다른 것이었다. 즉 딱딱하게 굳었던 것이 말랑말랑하게 부드러워졌고, 크기도 종전의 빵과는 달이 훨씬 부풀어 있었다.

'음, 부드러운데……, 어떻게 만들었지?'

"베이킹 파우더라는 발포제를 넣었을 뿐인데요."

그 순간 굿이어는 부드럽게 부풀어오르는 고무, 즉 스펀지 고무를 생각해냈다.

'그래, 불가능할 것도 없지!'

굿이어는 곧 발포제를 고무액 속에 넣어 보았다.

"그렇지, 성공이야!"

즉시 특허로 등록된 것은 말할 것도 없다.

고무의 혁명으로 일컬어지는 이 스펀지 고무는 다른 제품에도 혁명을 가져왔다.

"뭐, 그게 사실이야?"

굿이어의 스펀지 고무 발명이 발포제 사용에서 비롯되었다는 사실이 세상에 알려지자 발포제를 이용한 발명이 줄

3. 물음표(?)로 세상을 살라

을 이었던 것이다.

독일의 비닐 제조업자는 합성수지의 제조과정 중 공기를 불어넣는 기술을 발명했는데, 이것이 바로 최근 부인들이 거즈 대신에 사용하는 몰트 플레인이다.

비눗물 속에 스트로로 공기를 불어넣으면 부글부글 거품이 인다. 이 거품을 그대로 굳혀서 만든 것이 물에 뜨는 소프트 비누이다.

또 아이스크림에 이 특성을 응용한 것이 소프트 아이스크림이고, 콘크리트에 응용한 것이 가스 콘크리트이다. 이 콘크리트는 가볍고, 강하므로 용도가 매우 다양하다. 더구나 공기를 포함하고 있기 때문에 방음에도 효과적이어서 지하철 벽이나 방송국 등에서 많이 사용되고 있다. 이 밖에 벽돌 속에 공기를 넣어 만든 기포벽돌과 유리 속에 거품을 넣어 만든 기포유리 등 발포제를 이용한 발명은 실로 그 범위와 용도에 있어서 무한대로 늘어날 전망이다.

사물에 물음표(?)를 찍어 보자.
'이것이 무엇일까?'

'왜 이렇게 되지?'

'이렇게 하면 어떻게 될까?' 등…….

뉴턴은 사과가 나무에서 떨어지는 것을 보고 물음표를 찍었다.

"왜 사과가 떨어질까?"

아주 당연하고, 어떻게 생각하면 이상할 것도 없는 일을 보고 그는 만유인력의 법칙을 발견하지 않았던가? 참으로 놀라운 일이다.

우리는 흔히 그냥 스쳐 지나가기를 잘 하지만, 무엇이건 자세히 관찰하고 물음표(?)를 찍어보면 세상은 온통 신비하고 이상한 것 천지라는 것을 깨닫게 될 것이다.

물음표(?)로 세상을 살아보자.

생활 속의 발명

자기 분수를 알아야 한다

아인슈타인은 그의 조국 이스라엘로부터 대통령직을 제
의받았다.

"국회는 만장일치로 당신을 이스라엘의 초대 대통령으
로 선임했습니다. 조국을 위해 봉사해 주십시오."

이 소식을 접한 아인슈타인은 정중하게 이 제안을 거절
했다.

"대통령을 하겠다는 사람은 많습니다. 그러나 물리학을
가르칠 사람은 그리 많지 않아요. 이것이 제가 대통령직을
맡을 수 없는 이유입니다."

이스라엘의 수상 벤구리온도 어느 날, 갑자기 수상직을 사임했다. 기자들이 몰려들어 그 이유를 물었을 때 그는 이렇게 대답했다.

"키부츠 농장에서 일할 일꾼이 부족해서 나는 땅콩밭으로 갑니다. 수상은 누구나 할 수 있지만 땅콩 농사는 아무나 지을 수 있는 것이 아닙니다."

세상을 살면서도 자기 분수를 알면 존경을 받는다. 이스라엘이 부강한 것은 묵묵히 제갈 길을 가는 사람들이 많기 때문이다.

미국의 지미 카터도 대통령직에서 물러난 후 교회학교 교사로 봉사하며 이렇게 말했다.

"내가 대통령이 된 것은 하나님의 일을 더 잘하기 위함이었습니다. 대통령은 임시직이지만 교사직은 평생직업입니다."

미국의 제6대 대통령 존 애덤스는 대통령직에서 물러난 후, 아주 초라한 집에서 노년을 보내고 있었다.

한 친구가 오랜만에 그의 집을 방문했다. 집의 벽은 허

생활 속의 발명

물어지고, 지붕은 누더기처럼 낡은 것을 보고 친구는 깜짝
놀랐다.

'아니, 이럴 수가!'

바람이 불면 사방에서 삐거덕거리는 소리가 들려왔다.
친구는 애덤스에게 말했다.

"미국의 대통령까지 지내신 분이 어떻게 이런 초라한 집
에서 지낼 수 있습니까? 이 집은 위험해요."

그러자 애덤스는 빙긋이 웃으면서 대답했다.

"바람에 삐거덕거리는 소리가 가끔은 관현악단의 연주
로 들릴 때도 있답니다. 그러나 이제는 집이 위험해서 다른
곳으로 이사를 갈 생각입니다."

이 말에 친구는 반가운 얼굴로 다시 물었다.

"어디로 이사를 가십니까?"

그러나 애덤스는 손가락으로 하늘을 가리켰다.

"저곳으로……."

인간들이 요즘 자기 분수를 모르고 평생 살 것처럼 온갖
악행을 저지르는 데 수단과 방법을 가리지 않는 것을 보면

참 한심하다는 생각이 든다.

어느 해, 1억 원짜리 복권에 당첨된 한 남자가 있었다.

6년 전 결혼한 뒤 전셋집을 전전하며 내집 마련을 꿈꾸던 50세의 이 남자는 그 해 주택복권을 구입하기 전까지는 성실한 가장이었다.

그런데 어느 날, 부인이 '간밤에 돼지꿈을 꾸었다'며 복권을 사라고 권유했다. 그 남자는 행여나 하는 마음으로 복

생활 속의 발명

권을 샀는데 그것이 1등에 당첨되었다.

"이야, 당첨이다!"

세금을 제외한 8천 4백만 원을 받은 이들 부부는 이 돈으로 서울 강북지역에 조그만 건물을 구입했다. 내집 마련의 꿈을 이루는 순간이었다.

"내집이라니! 이게 꿈이야, 생시야?"

그러나 금은 세공공장에서 물건을 받아다가 행상을 하던 남자에게 건물임대 수입이 생기면서 불행은 싹트기 시작했다. 성실하기만 하던 남편은 씀씀이가 헤퍼진데다 다른 여자에게 눈을 돌리기 시작한 것이다. 그러면서 아내와 자녀들에게 손찌검도 했다.

재테크에 눈을 뜬 남자는 부동산을 사고팔고를 반복하며 재산은 불어났지만, 가정은 금이 가고, 아내를 때린 혐의로 형을 선고받기도 하다가 결국 이혼당하고 말았다. 자기 분수를 모르고 남의 장단에 박자를 맞추려는 인생의 종국은 이와 같다.

발명의 세계에서도 이 진리는 변함이 없다.

4. 자기 분수를 알아야 한다

속담에 "손도 대지 않고 코를 풀려고 한다"는 말이 있지만, 누구나 발명을 할 수 있다니까 환상에만 사로잡혀 함부로 덤비는 사람들도 있다.

"이번에 제가 새로이 발명 목표를 정했습니다. 화학조미료를 근본적으로 개선해 보려고 작정했어요."

풋내기 발명가가 제법 심각하게 말을 꺼냈다. 그의 얼굴 표정은 사뭇 진지하기까지 했다.

"아하! 그렇습니까? 그러면 조미료의 화학방정식에 대해서는 아주 훤하시겠네요?"

당연한 질문에 그는 갑자기 얼굴을 붉혔다. 아마도 이 질문이 그에게는 꽤 거북스러웠던 것 같았다.

이런 경우는 심심치 않게 볼 수 있다. 기계에 대해서 아무것도 모르는 사람이 자동차를 만들겠다고 덤비고, 알코올의 화학식도 모르면서 취하지 않는 술을 만들겠다고 큰소리를 친다. 참으로 안타까운 일이다.

스코틀랜드의 한 가난한 가정에서 사내아이가 태어났다.

 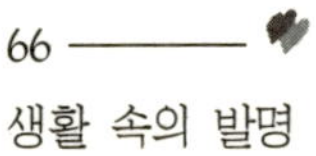
생활 속의 발명

소년은 한때 고집이 세고, 논쟁을 일삼는 문제아로 불렸다. 그는 열두 살 때 부모를 따라 미국으로 이민을 가서 일주일에 1달러 20센트를 받는 직물공장에 취직했다.

열네 살 때는 주급 2달러를 받기 위해 석탄가루를 뒤집어쓰고 증기기관차의 화부로 일했다. 그는 우편배달부가 된 뒤부터 노동자 도서관에서 경영과 기술을 공부했다. 그리고 보조 전신사를 거쳐 철도회사에 근무했다. 그러다가 그는 친구와 함께 철강회사를 설립했고, 기업은 일약 세계적인 회사로 도약했다.

그의 이름은 앤드루 카네기로 국제평화기금과 카네기재단을 설립한 세계적인 대부호다. 그는 책을 통한 노력으로 학교에서 배우지 못한 정보와 지혜를 얻어 성공할 수 있었던 것이다.

그는 '실패한 사람들의 10가지 공통점'을 제시했는데, 그 중에는 독창력이 없이 남의 흉내를 내기에 전전긍긍하며 계획 없이 생활한다는 것이 들어 있다.

페니실린을 발견한 알렉산더 플레밍의 연구실은 매우

4. 자기 분수를 알아야 한다

협소하고 열악했다. 창문의 유리창은 거의 깨져서 바람과 먼지 등이 마구 들어왔다. 그는 이 연구실에서 곰팡이에 대한 연구에 몰입했다.

어느 날, 그는 깨진 창문을 통해 날아온 곰팡이의 포자를 현미경으로 관찰한 후 중요한 사실을 발견했다. 그 곰팡이에 페니실린의 원료가 숨어 있었던 것이다. 그는 이것을 토대로 페니실린을 만들었다.

몇 년 후, 한 친구가 플레밍의 연구실을 방문하고 깜짝 놀랐다.

"이렇게 형편없는 연구실에서 페니실린을 만들다니……, 만약 자네에게 좋은 환경이 주어졌다면 엄청난 발견들을 했을텐데……."

그러자 플레밍은 빙그레 웃으면서 대답했다.

"이 열악한 연구실이 페니실린을 발견하게 해주었다네. 창틈으로 날아온 먼지가 바로 페니실린의 재료가 되었다네. 중요한 것은 환경이 아니라 자신의 강인한 의지라네."

남이 입어서 아무리 멋지게 보이는 옷이나 신발이라 할지라도 그것이 꼭 나에게 맞는다는 보장은 없다. 문제는 나

생활 속의 발명

에게 알맞은 옷이라야 아름답게 보이듯, 발명에 있어서도 자신에게 알맞은 목표를 세워야 성공할 수 있는 것이다.

덩치가 큰 발명이라고 해서 반드시 위대한 발명이 되는 것은 아니다.

병조림의 발명은 인류의 식생활 개선에 일대 전기를 가져왔다. 그러나 병조림에도 단점이 있었다. 이 단점을 개선한 것이 바로 통조림이다. 통조림은 그 쓰임새가 너무나 다양해서 요즘 백화점에 가보면 참치나 콘, 과일류를 저장하는 것은 물론이고 땅콩, 사탕 심지어 커피, 음료수에 이르기까지 사용하지 않는 곳이 거의 없다. 병조림의 단점을 개선하여 통조림을 고안한 사람은 영국의 듀란드.

병조림이 처음으로 세상에 나온 지 10년 후인 1819년의 일이다.

주석기술자인 듀란드는 워낙 병조림을 즐겨 먹는 사람이었다.

'병마개도 안전하고, 병 속으로 들어가지 않으며 가볍고, 병도 잘 깨지지 않는다면 정말 좋을 텐데…….'

듀란드는 병조림을 먹을 때마다, 병조림의 단점을 발견하고 이런 생각을 했다. 그러다가 어느 추운 겨울 날, 아침부터 주문받은 주석 깡통을 만들던 듀란드는 점심시간이 되자 병조림을 꺼냈다.

"어휴, 배고파!"

그런데 병조림이 너무나 차가워서 도저히 먹을 수가 없었다.

그는 궁리 끝에 자기 주변에 널려 있는 깡통에 병조림을 쏟아 붓고 난로에 끓여 보았다. 참 편리했다.

"맛있게 잘 먹었다. 오랜만에 따뜻한 점심을 먹었네."

식사를 마치고 병과 깡통을 치우던 듀란드의 머릿속으로 한 아이디어가 떠올랐다.

'그래, 병 대신 깡통을 쓰면 깨질 염려도 없고 특히 추운 겨울에는 데워 먹을 수도 없겠어!"

확신을 얻은 그는 즉시 특허 출원을 한 뒤 깡통을 이용하여 통조림을 만들어 보았다. 대단한 인기였다. 단순하게 깡통을 주무르던 이전의 수입보다 10배가 넘는 돈이 주머니로 속속 들어왔다.

생활 속의 발명

일본 우라와시의 작은 제빙공장 사장에게는 마치다라는 아들이 하나 있었다. 그런데 마치다는 너무 귀엽게만 자란 나머지 허영심 많은 청년으로 변해 있었다.

매일 밤낮으로 카바레, 술집 등으로 전전하며 돈을 물쓰듯하였다. 그로 인해 마치다의 아버지는 골머리를 앓았다.

"어휴, 또야? 분수도 모르고……. 철없는 녀석!"

아들이 친구들을 불러내 한턱내고 나면 그 지불은 언제나 아버지인 얼음공장 사장의 몫이었던 것이다.

그러는 중에 마치다의 나이 어느 덧 28살이 되었다.

'이건 아닌데.'

자신이 쓸모 없는 사람으로 변해 가고 있다는 사실을 알아차린 마치다는 아버지의 친구를 찾아갔다.

발명학회 회장인 아버지의 친구는 그에게 이렇게 충고했다.

"진정 자네가 새 사람이 되고 싶다면 아버지의 얼음공장에 개선할 것이 없는가부터 찾아보게나."

그래서 마치다는 아버지의 얼음공장에서 열심히 일했다.

여름이 되자 얼음공장은 눈코 뜰 새가 없을 정도로 바쁘

4. 자기 분수를 알아야 한다

게 돌아갔다. 마치다는 이른 새벽부터 젊은 인부들과 함께 얼음을 잘랐다. 커다란 얼음덩이를 알맞은 크기로 자르는 작업은 워낙 힘이 들고 피곤했다.

'아무리 얼음이지만 손으로 자르는 것은 너무 비생산적이야! 무슨 좋은 방법이 없을까?'

마치다는 마침내 얼음 자르는 방법을 개선하기로 했다. 그는 매일 제재소로 가서 관찰하며 얼음을 자르는 둥근 톱을 연구하기 시작했다.

그러기를 1년, 드디어 그는 나무를 자르는 제재소 톱의 원리를 응용한 얼음톱을 발명해냈다.

원리는 제재소 톱과 비슷하고 톱날은 녹이 슬지 않는 특수강철로 바꾸었다. 이 톱을 이용하면서 마치다는 5~6명의 일을 혼자서도 거뜬히 해낼 수 있었다. 또한 작업복이 아닌 평상복 차림으로도 힘들이지 않고 손쉽게 얼음을 자를 수 있을 정도로 편리했다.

마치다의 얼음공장은 날이 갈수록 번창하여 우라와시 최대의 얼음공장이 되었다.

생활 속의 발명

별로 대수롭지 않게 생각되는 십(+)자 나사못과, 십(+)자 드라이버도 세계적인 발명품이다. 발명가는 라디오 수리공이었던 미국의 필립이라는 소년이다.

필립은 아버지가 병환으로 세상을 떠나자 중학교를 중퇴하고, 견습공으로 1년을 고생한 결과 라디오 수리공이 되었다. 하루 12시간씩 일에 매달리는 고된 작업이었지만 그는 일에 대한 긍지와 보람을 느끼고 있었다.

"야, 됐다! 됐어."

고장난 라디오를 자신의 기술로 고쳐서 아름다운 소리가 날 때마다 필립은 환호성을 질렀다.

그런데 어느 날, 큰 문제가 발생했다. 고장난 라디오의 일(-)자 나사못을 빼야 수리를 할 수 있는데 일(-)자 홈이 완전히 닳아져 드라이버의 날을 들이댈 수도 없었던 것이다.

"이거 큰일났네."

필립은 할 수 없이 망가진 -자 홈을 무시하고, 그 자리에 +자홈을 파기로 했다. 그는 무심코 한 이 행위가 세계적인 발명인 줄은 전혀 몰랐다.

4. 자기 분수를 알아야 한다

단순하게 한쪽(─)이 망가지면 다른 한쪽(│)을 사용한
다는 생각뿐이었다.

얼마 후, 그는 ＋자로 파놓은 나사못의 홈이 ─자보다
쉽게 망가지지 않는다는 사실을 발견했다. 또 드라이버도
＋자로 만들면 홈에 미치는 드라이버의 힘이 ─자에서 ＋자
로 분산되어 힘을 배가시킬 수 있고, 잘 망가지지 않는다는
것도 알아냈다.

“그렇군, ＋자가 훨씬 편리해.”

그 후, 필립은 자신이 사용하는 나사못과 드라이버를 모
두 ─자에서 ＋자로 바꾸어 사용했다. 여간 편리한 것이 아
니었다.

그는 서둘러서 미국과 세계 각국에 특허를 출원했다. 당
시 그의 나이는 16세에 불과했다. 특허로 등록되자마자 전
산업계가 발칵 뒤집혔다.

＋자 나사못은 라디오는 물론 세상의 온갖 기구와 기계
에 사용되면서 그 힘을 유감 없이 발휘했다.

─자 나사못의 홈이 쉽게 망가져 고통을 겪던 모든 수리
공들에게는 더없이 큰 선물이었다. 필립이 가내공업으로 세

생활 속의 발명

4. 자기 분수를 알아야 한다

운 필립사는 1년 사이에 1천여 명의 종업원을 거느리는 대기업으로 성장했다. 이처럼 작은 발명이 인류에게 큰 이익을 가져다 줄 수도 있다.

공연히 분수에 맞지도 않은 일에 시간과 노력을 낭비하지 말자.

예나 지금이나 자기 분수를 모르고 함부로 덤벙대다 보면 성공은커녕 공든 탑이 무너지는 경우를 흔히 볼 수 있다.

물론 큰 꿈을 가지거나, 비전을 갖지 말라는 뜻이 아니다. 무리한 욕심을 내지 말고, 자신에게 알맞은 목표를 세우라는 것이다.

막연하고 환상적인 목표보다는 차라리 작은 우유병이나 톱 등을 개량하는 일에 관심을 쏟는 것이 결과를 좀더 빨리 볼 수 있을 것이다.

미국의 4백대 부자 중 3위인 버크셔 헤더 웨이그룹 워런 버펫 회장은 한 고등학교에서 연사로 초청받아 다음과 같은 연설을 했다.

"부자가 되고 싶으면 제일 먼저 해야 할 일이 있습니다.

그것은 신용카드를 버리는 것이지요.”

버펫은 열한 살 때부터 주식투자를 시작하여 ‘투자의 현인’으로 불렸다.

그는 최근 미국이 갈수록 빈부격차가 심해져 심각한 사회문제가 되는 것을 보고. ‘부자가 되는 네 가지 비결’을 밝혀 관심을 모았다.

첫째, 금리가 높은 카드를 상습적으로 이용하면 부를 축적할 수 없다.

둘째, 직장이나 결혼생활의 출발을 ‘빚’보다는 ‘작은 저축’으로 시작하라.

셋째, 보수가 적더라도 적성에 맞는 직업을 선택하라.

넷째, 아이디어에는 세금이 부과되지 않는다. 창의력을 발휘하면 돈이 보인다.

돈이 없을 때 카드에 현혹되는 사람은 평생 빚을 지게 되어 빈곤에서 벗어날 수 없다.

마찬가지로 작은 발명도 못하면서 큰 것만을 발명하겠다고 고집한다면 평생 동안 발명은 할 수 없을지도 모른다.

무엇이든 분에 넘치면 언젠가는 무너지듯이 자기 분수

를 모르면 기다리고 있는 것은 실패일 뿐이다.

발의 크기가 260㎝인 사람이라면 마땅히 260㎝의 구두를 신어야 한다. 그런데도 250㎝의 작은 구두를 신었다면 뒤꿈치에 상처를 입어 제대로 걷지 못하게 될 것이다.

또한 270㎝의 큰 구두를 신었다고 가정해 보라. 신을 수는 있겠지만 걸을 때마다 덜거덕거리는 소리가 나거나, 제대로 뛸 수 없어 불편할 것이다.

생활 속의 발명

즉, 발의 크기가 260㎝인 사람이라면 크기가 260㎝로 발
에 꼭 맞는 구두를 신어야 가장 편안하게 걷거나, 마음놓고
뛸 수 있을 것이다.

자신에게 알맞은 구두, 가장 어울리는 옷, 적절한 발
명…….

욕심을 버리고, 자신에게 무엇이 가장 적절한지 알맞은
대상을 찾는 것이 급선무다. 그러면 발명의 성공이 그리 먼
곳에 있는 것만은 아니라는 사실을 깨닫게 될 것이다.

4. 자기 분수를 알아야 한다

발명에도 시기가 있다

　요즘 의학이 고도로 발달되면서 못 고치는 병이 거의 없을 정도로 의술은 질병으로부터 인간을 보호해주고 있다. 그런데 아직도 질병으로 죽는 사람의 수는 줄어들지 않고 있다.

　그 원인을 살펴보면 '못 고쳐서'라기보다는 '시기를 놓쳐서'라는 경우가 거의 대부분이다. 필자가 잘 아는 암환자, 뇌졸중, 심장마비 등의 경우 조기에 발견만 했더라면 얼마든지 완치가 가능한 것을 시기를 놓쳐 불행을 당한 사람들이 상당수에 달한다.

생활 속의 발명

모든 일에는 기한이 있어서 태어날 때가 있고, 죽을 때가 있고, 슬플 때가 있고, 기쁠 때가 있고, 건강할 때가 있고, 아플 때가 있고, 승리할 때가 있고 실패할 때가 있고…….

그런 까닭에 때를 잘 만나야 출세도 하고, 영웅도 될 수 있으니 '세인요세출'이라는 말까지 등장했다.

요즘 복지시설이나 서비스 기관에 가보면 머리칼이 허연 어르신들이 한글, 컴퓨터 등을 배우시느라 땀흘리는 모습을 심심치 않게 볼 수 있다.

그분들 말씀이 이구동성으로 "배우는 것도 때가 있어"라고 하신다.

진리다. 이 세상의 모든 일에는 적절한 시기가 있게 마련이다.

자신의 발명품이 대중의 지지를 받아 인기를 끄는 성공작이 되게 하고 싶다면, 대중의 심리에 편승하여 발명을 해야 한다.

발명이 성공하려면 딱 한 발만 앞서라는 말이다. 뒤로 처지는 것은 말할 것도 없고, 너무 앞서는 것도 외면당하기

5. 발명에도 시기가 있다

쉽다. 대중은 유행을 따르는 심리도 갖고 있지만, 습관을 깨뜨리는 것을 몹시 꺼리는 심리도 함께 갖고 있기 때문이다.

우리가 잘 아는 '유전의 법칙'을 발견한 멘델을 살펴보자. 그는 유전학에 있어서 성전(聖典)과도 같은 법칙을 정리해냈지만 너무나 시대를 앞지른 탓에 살아 생전에는 어떠한 영예도 얻지 못했다. 그의 유전법칙이 세상에서 인정을 받기 시작한 것은 그가 세상을 떠난 후 무려 30년이 흐른 뒤였다. 멘델의 유전법칙을 재발견한 사람은 네덜란드의 식물학자 드프리스였다. 그는 우연한 기회에 얻은 멘델의 팜플렛을 통해 유전의 법칙을 알게 되었고, 이것을 학계에 발표함으로써 세계적인 명성을 얻게 되었다.

결국 최초로 유전법칙을 발견한 사람은 너무나 이르다는 이유로 외면당하고, 발견자에 지나지 않는 사람이 단지 그 발견 시기가 적절했던 탓에 오히려 명성을 얻게 된 것이다.

이런 예는 그림이나, 문학 등의 예술 세계에서 얼마든지 찾아볼 수 있고, 발명사에서도 쉽게 찾아낼 수 있다.

예를 들어 라디오에는 '자동선국'이라는 말로 설명되는

생활 속의 발명

기능이 있다. 보통의 라디오는 채널을 돌려가며 방송을 선택해야 하는 반면 자동선국 장치가 된 라디오는 버튼만 누르면 KBS, MBC, CBS는 물론이고 모든 방송채널이 저절로 나온다.

지금은 이런 장치가 붙어 있는 라디오, 오디오, 카세트가 많이 나오며 대부분 고가품으로 인식되고 있다. 그러나 정작 이 발명품은 수 년 전에 발명된 것이었다. 그런데 그동안 찬밥신세를 면치 못하다가 라디오의 소형화 추세에 맞추어 빛을 보게 된 것이다.

적절한 시기에 발명되어 세계적인 발명품이 된 예는 얼마든지 있다.

인간의 생명과 직결된 의료기기의 발명은 전기·전자는 물론이고, 물리·화학 등의 모든 기술이 뒷받침될 때 가능하다. 의학 그 한 가지만으로는 인간의 생명을 다룰 수 없는 것이다.

최근 미국에서 선보인 피를 뽑지 않고도 혈당측정이 가능한 의료기기가 그 좋은 예이다. 휴대도 가능한 이 획기적인 혈당측정장치를 발명한 사람은 뉴멕시코 대학 의과대학의 로빈슨 박사 팀과 미국 샌디에이고 연구소의 의료기기 연구팀이다.

"당뇨병 환자들이 겪는 여러 가지 고통 중의 하나가 매일 혈당검사를 위해 피를 뽑는 일이지요. 검사를 위해 빼는 피의 양은 소량이지만 날마다 손가락을 찔리는 것은 큰 괴로움이 아닐 수 없지요."

두 연구팀을 이끌어 성공적인 결과를 얻어낸 로빈슨 박사의 발명동기는 매우 평범하였다. 그러나 결과는 놀라웠다. 작은 계산기 크기의 기기 속에 손가락 하나만 집어넣으면 아무 고통 없이 혈당측정이 이루어진다. 이 의료기기는 오래된 핵무기 내부의 화학적 변화를 탐지하는 데 사용되는 기술을 응용한 것이 특징이다.

"환자의 손가락이 기기 안에 들어오면 적외선 펄스가 손가락 조직으로 침투하여 스펙트럼으로 바뀌고, 이 스펙트럼을 화학계량 분석방법으로 평가하여 혈액 속에 흡수된 포도당의 양을 측정하는 것입니다."

로빈슨 박사에 따르면 이 때 분석되는 수치는 환자의 손

생활 속의 발명

5. 발명에도 시기가 있다

가락 두께와 피부의 색소 등 개개인의 차이를 모두 감안한 것으로 그 오차는 제로(0)에 가깝다는 것이다.

현재 특허출원 및 시작품 제작 단계에서 지속적인 연구가 이루어지고 있는 이 의료기기는 특히 수출할 때 심장박동을 측정해주는 장치와 마찬가지로 수술이나, 산모가 아이를 분만하는 동안에도 계속해서 혈당수치를 측정할 수도 있다 한다.

로빈슨 박사는 또 이렇게 자랑한다.

"이 의료기기의 원리는 응용범위가 실로 넓습니다."

즉 이 원리를 응용하여 적외선을 이용, 혈액 속의 콜레스테롤과 알코올을 측정할 수 있는 의료기구도 연구하고 있는데 이미 완료단계에 있다는 것이다.

노령화 사회가 되면서 각종 성인병이 늘고 있고, 특히 우리 나라만 해도 성인 중의 60%가 당뇨병 환자라고 하니 시판도 되기 전에 전 세계의 사람들이 기다리고 있는 이런 발명품이라면 그 시기가 적절하다 못해 성공은 아예 따놓은 당상일 것이다.

생활 속의 발명

현대는 늘어나는 인구와, 각종 자동차를 비롯한 탈것의 발명으로 사람들의 발이 점점 빨라지고 있다. 더불어 복잡하고 바쁜 일상 속에서 온갖 정보화의 첨단을 간다.

현대화의 물결 속에서 이에 걸맞은 여러 가지 발명품들이 있지만 그 중에서도 종이컵은 작지만 꼭 필요하고, 또 시대를 잘 탄 발명으로 꼽을 수 있을 것이다.

때와 장소에 관계없이 음료자판기 시대를 꽃피운 종이컵의 발명가는 미국인으로 휴그무어다. 캔자스 출신인 휴그무어는 1907년 하버드대학에 입학할 때까지만 해도 발명과는 무관한 학생이었다.

그가 종이컵 발명을 결심한 동기는 발명가인 형의 자동판매기 발명으로 인한 것이다. 휴그무어보다 한 살 위인 형 로렌스루엘랜은 생수를 판매하는 자동판매기를 발명하여 이미 발명가로서 그 명성을 떨치고 있었다.

그러나 형이 발명한 생수 자동판매기는 자기로 된 컵을 사용하고 있어서, 하루에도 몇 개의 컵이 깨지는 것이 가장 큰 문제점이었다.

"앗! 또 깨졌어."

5. 발명에도 시기가 있다

이 때문에 형의 자동판매기는 날이 갈수록 그 인기가 하락했다. 그러자 휴그무어는 생각했다.

'그렇다면 깨지지 않는 종이컵을 만들면 되지 않아!'

그러나 생각처럼 쉬운 일은 아니었다. 한 마디로 종이는 물에 젖으면 힘을 쓰지 못하기 때문이다.

그런데 휴그무어는 물에 쉽게 젖지 않는 태블릿 종이를 찾아내는 데 성공했다. 휴그무어의 종이컵은 건강컵이라는 이름으로 생산되었고, 처음에는 호기심 많은 소비자들에게만 팔려나갔다.

그러던 것이 민간보건연구소에 근무하는 사무엘 크럼빈 박사가 "인간을 바이러스로부터 구하는 길은 오직 1회용 컵을 사용하는 것뿐"이라고 강조하여 엄청난 호응을 불러일으킨 것이다.

종이컵으로 큰돈을 모은 휴그무어는 아이스크림을 담아 파는 종이용기까지 선보여 종이컵과 종이용기에 관한 한 세계적인 발명가로 떠올랐다.

다음에는 성냥의 시대를 열었던 성냥과 성냥갑에 얽힌

생활 속의 발명

이야기를 살펴보자.

이미 수십 년 전에 성냥개비를 쑥 뽑아내면 불이 붙는 발명품이 등장했다.

그러나 이 발명품은 그 당시에는 외면당했다. 발명가는 수많은 자본가와 그 분야의 사업가에게 상품화를 부탁했으나 모두 거절당했다. 끝내는 권리 존속기간이 끝나버렸다. 때를 잘못 탄 탓이다.

그런데 그로부터 5년 후, 수많은 사업가들이 이 성냥을 생산하여 많은 돈을 벌었고 지금은 세계적으로 유명한 발명품이 되었다.

그런가 하면 쓰쓰이라는 발명가는 성냥갑으로 천만장자가 되었다.

동경올림픽이 준비되고 있을 무렵, 일본의 전역은 판촉물개발에 열기가 뜨겁게 달아오르고 있었다. 값싼 물건으로 회사와 상품을 홍보하려는 기업들의 극성도 대단했다.

이름 있는 기업들은 현상금까지 내걸고 아이디어를 모집하였다. 이에 편승하여 시민들 또한 아이디어 짜내기에 고심을 하고 있었다.

5. 발명에도 시기가 있다

'내 인생을 무위로 끝낼 수는 없지, 이번 기회에 한번 뛰어보자!'

빌딩 수위였던 쓰쓰이는 새로운 판촉물 개발에 운명을 걸기로 작정했다.

'판촉물이라면 값이 싸고, 모든 사람의 필수품이어야 할 텐데⋯⋯.'

아이디어를 내기 위해 끙끙 앓던 쓰쓰이는 무심코 담배를 꺼냈다. 그리고 담배 한 대를 피우려는 순간 무릎을 탁 쳤다. 성냥을 발견한 것이다.

'그렇다. 바로 이거야, 성냥갑!'

쓰쓰이는 이 날부터 빳빳한 종이를 구해 성냥갑을 만들기 시작했다. 하루에도 4~5개의 각종 성냥갑을 만들었다. 당시에는 성냥갑이라면 고작 장방형과 삼각형의 것이 고작이었는데 그는 이단형, 반달형, 맥주병형, 8각형, 원통형⋯⋯ 등 새로운 모양의 성냥갑을 만들었다.

"아니, 쓰쓰이! 요즘 왜 그래?"

영문을 모르는 동료들이 비웃기까지 했으나 쓰쓰이는 즐겁기만 했다. 성냥갑의 모양이 완성될 때마다 그의 희망

생활 속의 발명

도 부풀어올랐기 때문이다.

드디어 그는 1백여 종의 성냥갑 중 50여 개를 골라 의장 출원을 마쳤다.

그런데 그 중 맥주병형의 성냥갑이 쓰쓰이의 운명을 송두리째 바꿔놓았다.

"쓰쓰이, 당신의 성냥갑을 사겠소."

일본 굴지의 맥주 회사가 올림픽을 겨냥하여 신제품을 개발하고, 홍보용 판촉물로 맥주병형의 성냥갑을 채용해 준 것이다.

"히얏, 성공이다!"

이어서 나머지 성냥갑도 꾸준히 팔려나가 쓰쓰이는 로열티만 해도 연간 1천만 엔을 넘어섰다.

뒤늦게 많은 기업들이 색다른 성냥갑을 만들려고 했으나 이미 쓰쓰이가 의장출원을 모두 마쳐 버린 탓에 번번이 허사였다.

이처럼 작은 성냥갑이라도 시기에 맞게, 시대가 요구하는 대로 발을 맞추어 성공할 수 있었던 것이다.

이번에는 발명 시기가 너무 뒤져서 성공하지 못한 사례를 알아본다. 이 경우의 예도 수없이 많다. 그 중에서도 가장 흥미 있는 것이 연필이다.

연필을 모르는 사람은 없을 것이다. 연필에 대한 발명은 수없이 많고, 하이만 소년이 고안한 '지우개 달린 연필'이나 홍려가 고안한 '깎지 않고 쓰는 연필' 같은 경우는 큰돈을 벌기도 했다.

그러나 연필에 관한 두 가지 고안은 성공하지 못했다. 한 가지는 '연필에 눈금을 넣어서 자로도 썼으면 좋겠다'는 고안과, '연필이 짧아지면 못쓰니까 아예 3분의 1쯤 심을 넣지 않은 연필을 만들면 많은 흑연이 절약된다'는 아이디어였다.

그런데 눈금 연필은 이미 20년 전에 일본에서 고안되어 등록된 발명이고, 흑연을 뺀 발명은 이미 경제성을 상실한 발명이었기 때문에 성공할 수 없었다.

시대에 맞춘 발명으로 적절하게 개발된 것 중에 귀에 꽂는 전화기가 있다.

요즘 청소년들이나 젊은이들 사이에는 이어폰이 유행처

생활 속의 발명

럼 번지고 있다. 바로 시대적 요청인 것이다.

이 귀에 꽂는 전화기를 발명한 사람은 엉뚱하게도 전자 기술과는 거리가 먼 일본 대학 입시센터 특별시험연구반에서 일하던 오노 히로시 교수다.

오노 교수는 휴대용 전화기 시장의 추세가 나날이 소형화되는 것에 착안, 어떻게 하면 좀더 작게 만들어 휴대를 편리하게 할 수 있을까? 하고 생각하게 되었다.

그러던 어느 날 학생들이 귀에 이어폰을 꽂고 공부하는 것을 보았다.

'그렇지, 귀에 꽂는 전화기를 개발하면 되겠다.'

그러나 결코 생각처럼 쉬운 일은 아니었다. 그래서 그는 관련된 자료를 수집하고 분석하기 시작했다.

"뭐가 이리 복잡하지?"

난생 처음 대하는 기술내용이 대부분이었으나 막상 수집한 자료를 분석하고 나니 자신감이 생겼고, 이 때부터 연구는 순조롭게 진행되었다.

"관련되는 자료는 모조리 수집했지요. 그리고 한편의 논문을 쓰는 마음으로 정리해 나갔어요. 어려움이 있기는 했

5. 발명에도 시기가 있다

지만 이미 개발된 기술과 정립된 이론을 분석하여 결과를 정리해보니 해답은 의외로 가까운 데에 있었지요."

오노 교수의 말에 따르면 사람이 말을 할 때는 귀뼈와 귓구멍에서 진동이 일어나는데 이 전화기 없는 전화기를 귀에 꽂고 말을 하면 원통형의 진동 탐지센서가 진동을 음성으로 바꾸어 상대방에게 전달할 수 있다는 것이다.

또 상대방의 음성은 이어폰 마이크에 내장된 미니 스피커에서 울려나오기 때문에 통화에 전혀 지장을 받지 않는다.

생활 속의 발명

이에 따라 전화를 하면서 다른 일을 할 수도 있고, 공사 현장 같이 시끄러운 곳에서도 통화가 가능한 이점이 있다.

"이 전화기 없는 전화기는 아무리 작게 이야기해도 음성을 판별해내기 때문에 음악회 같은 곳에서 주위사람들에게 피해를 주지 않고도 마음놓고 전화통화가 가능하므로 그야말로 신의 전화라고도 말할 수 있습니다."

이미 일본의 관련회사가 이어폰 마이크를 상품화하기 위해 설비투자와 각종 준비를 마쳤다.

이 획기적인 전화기도 현대라는 시대적 요청에 부응한 발명품이다.

발명도 분야별로 나누어서 의료기, 주방기기, 의류, 생활필수품, 가구, 가전제품, 학용품, 스포츠용품, 운동기구, 각종 산업용품, 자동차, 악기류, 화약, 인쇄술, 안경, 전신, 합성섬유, 컴퓨터, 사진…… 등은 물론이고, 심지어 먹는 음식이나 마시는 음료에 이르기까지 시대성을 반영해야 성공할 수 있다는 것은 우리의 주변을 둘러보면 더 확실히 알 수 있다.

식품 하나를 예로 든다면 과거에는 양이 많고, 여럿이 모여 나누어 먹는 것이면 족했다. 그러나 지금의 현실은 어 떠한가? 간편하고 양보다는 질로 우세해야 하며, 단위도 소 수가 먹을 수 있는 것, 그리고 모양이 좋아야 인기를 끈다.

시대는 자꾸 변하고, 사람들의 취향은 점점 더 복잡 다 양해지며, 편리함을 추구한다.

'유선형'이라는 모양 하나로 시대를 따라잡은 발명품들

을 살펴보자.

몇 년 전만 해도 자동차에서부터 거의 모든 물건의 형태나 구조나 '직선형'이었다. 그러던 것이 이제는 마치 태초부터 유선형만 있었던 것처럼 많은 물품의 형태가 유선형으로 변했다. 자동차는 물론이고, 가방, 식탁, 의자, 전화기에서부터 학생들이 즐겨 사용하는 볼펜에 이르기까지.

앞으로의 미래, 그리고 인간부합적인 지구화, 우주화의 시대는 어떻게 변하고 또 무엇을 요구할까?

발명을 하기 전에 제대로 진단해야 할 과제다.

성공하는 발명의 열쇠는 그 시대의 필요여부에 따라 결정된다는 사실을 명심하라.

앞으로의 세계는 노령화, 온난화, 그리고 국제화, 정보화시대의 발빠른 행보에 맞추어 점점 더 복잡하게 변하고, 그에 따라 발명품은 오히려 단순하고 더욱 간편한 것을 요구할지도 모른다.

환경은 점점 오염되어 가고, 생태계도 자꾸 파괴된다.

자원은 고갈되고, 인구는 자꾸 늘어만 가고, 각종 매연과 소음으로 사람들의 감각은 예민해져만 갈 것이다.

시달리고, 부대끼는 사람들…….

그들을 위해 무엇을 만들어 내는 것이 가장 적절하고 효과적일까?

따라서 이런 모든 것을 재고해 본 뒤에 그 발명이 시기적으로 너무 앞선 것인지, 뒤진 것인지를 면밀히 검토해 보아야 성공을 보장받을 수 있을 것이다.

발명에도 시기가 있다. 때를 잘 잡자.

생활 속의 발명

발명 옆에 발명 있다

"이제 발명되어야 할 것은 모두 발명되었다. 더 이상은 발명할 것이 아무것도 없다."

지금으로부터 약 백여 년 전, 미국의 특허국장은 사임과 함께 발명시대의 끝을 예고했다. 지금 생각하면 정말 우습기 짝이 없는 일이다. 백여 년 전이라면 지금과 비교할 때, 기술적으로 매우 많이 뒤떨어졌을 때인데 어떻게 그런 예언을 했을까?

그렇지만 그 때에 비한다면 현대야말로 발명될 것은 다 발명되었다고, 이제야말로 끝이라고 할 사람이 있을는지도 모르겠다. 하늘, 바다, 도로에서 어떤 동물보다도 더 빠르게 달리고, 날고, 심지어 우주를 마음대로 왕복하는 시대가 되었으니 그럴 만도 하다. 어디 그뿐인가? 컴퓨터 인터넷을 통한 프로그램과 메뉴들을 보면, 그리고 각종 발명품들의 기능을 보면 저절로 입이 딱 벌어지는 것들이 얼마나 많은가. 그런 것들을 보며 이제 더 이상 발명될 것이 있을까? 하는 의구심을 갖는 사람들도 있을 것이다.

과연 그럴까?

그렇다면 우리가 항상 몸에 걸치고, 우리 몸과 뗄래야 뗄 수가 없는 옷을 예로 들어보자. 옷이란 원래 몸을 보호하고, 부끄러운 곳을 가리는 데 그 기능이 있다. 요즘처럼 패션이 다양한 적도 드물 것이다.

길이에 따라 미니, 미디, 롱 등으로 나뉘고, 모양에 따라 바지, 핫팬츠, 스커트, 그리고 기능에 따라 겉옷, 속옷으로부터 원피스, 투피스, 스리피스 등이 있다.

그뿐인가? 천의 종류에 따라서 혹은 두께에 따라서 바바리, 코트, 오버, 재질에 따라 면, 마, 모직, 나일론, 테트론, 실크 등으로 구분된다. 게다가 한복, 양복 등 나라별로

생활 속의 발명

나이별로 남녀별로 모양새나 크기도 다 다르다. 거기다 덧붙이면 예복인가, 정장인가, 혹은 평상복인가로 분류할 수도 있다.

이런 다양한 기능에 따라 수백여 종의 옷이 만들어졌다. 그렇다고 이제 패션계의 발명은 끝났다고 해야 할까?

아니다. 칼라의 모양, 단추의 수, 여밈의 방향, 자크의 사용 여부, 주머니가 있고 없고의 차이에 따라 모양은 또 달라진다.

그렇다면 이제 정말 더 이상은 만들어낼 수 없을까? 그럼, 다음의 예를 보자.

요즘 의류업계에 새로 개발되어 눈길을 끄는 발명품들이 있다. 전자파 차단 휴대 주머니가 달린 양복, 원적외선 신사복, 향기 나는 옷 등이 그것이다. 바야흐로 옷의 과학화 시대에 접어든 것이다. 앞으로 패션계에 어떤 바람이 불지, 아직은 아무도 짐작 못할 것이다. 발명이 끝났다고 생각되는 그 시점에 또 다른 발명이 시작될 수 있다. 발명이 또 다른 발명을 낳는 것이다. 그것은 진리이다.

왜냐 하면 모든 발명의 역사를 되짚어 봤을 때 한 사람

6. 발명 옆에 발명 있다

만의 힘으로 발명이 완성된 적은 단 한 번도 없었기 때문이다. 어떤 연구이든 간에 새로운 발명은 이전 사람들이 이미 발견하고 발명해 놓았던 것을 토대로 이루어진다.

혹시 이 말에 이의를 제기하는 사람이 있을지도 모르겠다.

"에디슨의 전구는 완벽한 그의 발명품이 아니던가? 그 이전에 누가 그런 생각을 했는가?"

어떤 사람은 이렇게 열을 내며 반박할 사람도 있을 것이다.

과연 그러할까? 그렇다면 에디슨의 전구는 과연 에디슨 혼자 만들어 낸 것인지 따져보다. 첫째, 연구에 쓰인 유리는 누가 만들었을까? 에디슨일까?

둘째, 빛에 대한 연구, 전기에 대한 연구는 누가 했을까? 에디슨이 스스로 한 것일까?

결코 그렇지 않다는 것을 우리 모두 잘 알고 있을 것이다.

모든 발명품이 이와 같다. 여러 기본적인 사실들이 재료

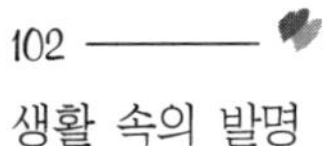

생활 속의 발명

가 되어 하나의 발명품으로 다시 만들어지는 것이다. 요즘은 자동차의 홍수시대니까 자동차를 예로 들어 보자.

산업혁명 이후에 제작된 거의 모든 기계에는 인류의 발명 중 가장 중요한 원리가 사용되었다. 바퀴, 또는 축을 중심으로 회전하는 대칭적인 부품이 들어가지 않는 기계는 상상하기 어려울 정도였다. 시계 속의 작은 기어에서부터 자동차, 제트엔진, 컴퓨터 디스크 드라이브에 이르기까지 모두가 같은 원리로 작동한다.

이 모든 발명품의 기초가 되는 바퀴는 메소포타미아의 유적에서 발굴된 전차용 바퀴로 기원 전 3500년경의 것으로 추정되고 있다. 인간이 발견해낸 것 중 가장 오래된 바퀴다. 이것은 통나무를 둥글게 자른 원판바퀴이다.

이 때로부터 약 100년이 지난 후, 유명한 고대 우르 왕국의 왕릉 등에서는 영구차로 사용된 2륜차나 4륜차를 볼 수 있다. 이 무렵의 바퀴는 바큇살이 없는 합판바퀴인데 보통 3장의 널빤지를 잘라 맞추어 가장자리를 둥글게 다듬고 여기에 2개의 가로막대를 박은 것이었다. 바퀴테 둘레에는 가죽으로 만든 타이어를 못으로 고정시킨 흔적을 볼 수 있다.

기원전 2천 년경의 전차 바퀴에서는 구리로 만든 테두리 쇠도 볼 수 있다.

기원전 2천 년 이후에 비로소 바큇살이 있는 바퀴가 발명되었다. 합판바퀴는 무겁고 조종하기가 힘들기 때문에 속력과 기동성을 고려해서 바큇살이 있는 바퀴가 고안된 것이다.

바큇살이 있는 바퀴가 맨 처음 나타난 것은 기원전 2천 년경 북메소포타미아, 페르시아, 히타이트 등지이다. 그리고 기원전 1600년경에 힉소스인에 의해서 이집트로 전래되고, 기원전 1500년경에는 크레타와 미케네 등지에도 전래되었다.

바퀴의 원리는 간단하므로, 어느 문명에서나 어느 정도 수준에 이르면 바퀴가 발명된다고 가정할 수도 있을 것이다.

그러나 꼭 그런 것만은 아니다. 앞서 말했듯이 잉카, 아즈텍, 마야문명은 고도의 발전을 이루었음에도 불구하고 바퀴를 발명하지는 못했다. 뿐만 아니라 서반구를 통틀어 유럽사람과 접촉하기 전에 원주민들이 바퀴를 사용했던 흔적

생활 속의 발명

은 찾을 수가 없다.

바퀴는 유럽에서조차 17세기까지 그리 많은 발전을 하지 못했다.

그러던 것이 산업혁명이 일어나자, 바퀴는 기술적인 발전을 거듭하여 핵심적인 부품이 되었고, 헤아릴 수 없이 많은 기계에서 수천 가지 방법으로 사용되기 시작한 것이다.

사람의 평균 수명을 고려해 볼 때 자동차의 발명이 바퀴의 발명 이래 교통수단의 역사상 가장 혁명적인 발명이라는 것은 의심의 여지가 없을 것이다.

사실, 자동차의 기본 원리는 간단하다. 소나 말이 끄는 탈것에 모터를 달아 스스로 달릴 수 있는 수레를 만드는 것이었다.

1771년 프랑스의 전쟁성 장관 니콜라스 조셉 커그넛(1725~1804)은 파르디에(Fardier)라고 하는 증기 동력의 삼륜차를 발명했다. 그러나 이 삼륜차는 말이 끄는 것보다 느리고, 운전하기도 힘들었기 때문에 본격적으로 생산되지는 않았다.

그러다가 1873년, 프랑스인 앙드 볼르(Amedee Bollee)는 12인승 증기 자동차를 발명했다. 그러나 이것도 마차와 속도경쟁을 위해 만든 자동차에는 못 미쳤다. 좀더 실용적인 자동차의 발명이 있기까지는 실용적인 내연기관의 발명을 기다려야 했다.

그러던 것이 1889년 독일에서 고트리프 다임러(Gottlieb Daimler：1834~1900)와 빌헬름 마이바흐(Wilhelm Maybach：1846~1929)에 의해서 기념비적인 교통수단이 발명되었다. 이 자동차는 1.5마력의 4단 변속과 2기통 휘발유 엔진으로

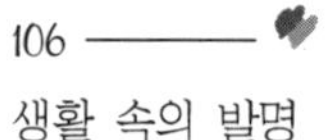

생활 속의 발명

시속 16㎞로 달렸다.

그런데 또 다른 독일인 카를 벤츠(Karl Benz: 1844~1929)가 자동차와 엔진 발명에 눈독을 들이고 있었다.

'흐음, 작고 가벼운 자동차를 만들 수 없을까? 성능 좋은 엔진을 발명하는 것이 성능 좋은 자동차를 만드는 지름길인데…….'

그러나 벤츠는 자신보다 앞서 오토와 랑겐이 발명하여 특허를 받은 엔진 때문에 달리 손쓸 틈이 없었다.

오토와 랑겐이 발명한 엔진과 다른 원리로서 성능 또한 뛰어난 엔진을 발명해야만 특허를 받아 상품으로 생산할 수 있는데 그것이 생각처럼 쉬운 일이 아니었기 때문이다.

그렇다고 물러설 벤츠는 아니었다.

"두 사람의 특허기술을 피하고 여기에 또 다른 기능을 추가하자."

벤츠의 첫 작업은 오토와 랑겐이 발명한 엔진을 분해하여 그 구조와 역할을 분석하는 것이었다.

오랫동안 엔진을 주물러온 벤츠는 교묘하게 엔진의 구조를 바꾸고, 전기점화장치를 붙여 보았다.

6. 발명 옆에 발명 있다

"왓, 됐다. 됐어!"

그런데 오토와 랑겐의 특허기술을 그럴싸하게 피할 수는 있었으나 이 엔진으로 만든 자동차는 허약하고 힘이 모자랐다.

"안되겠어, 다른 방법이 없을까?"

그래서 생각해낸 것이 삼륜차였다.

"그래, 이 엔진을 좀더 개량하여 삼륜차를 만드는 거다."

벤츠의 생각은 적중했다.

1887년, 마차가 달리는 거리에 등장한 벤츠의 삼륜차는 구경꾼들을 열광시켰다.

"이야, 정말 신기하다."

삼륜차가 모습을 드러내면 거리는 눈 깜짝할 사이에 구경꾼들로 가득 찼다. 1888년 프랑스에도 조립공장이 세워지고, 그 인기는 하늘 높은 줄 모르고 치솟았다. 이 때 조립된 '프랑스 벤츠'는 지금도 런던 과학박물관에 전시되어 있다.

그렇다면 이제 자동차의 발명은 끝났을까?

아니다. 19세기의 휘발유 자동차는 유럽과 미국에서 생

생활 속의 발명

산된 진기한 물건으로 단지 호기심의 대상이었을 뿐이었다.

1901년, 미국의 랜섬 올즈(Ransom E. Olds : 1864~1950)가 또 다른 자동차 '커브드 대시 올즈모빌'(Curved Dash Oldsmobile)을 발명했다. 이것은 세계 최초로 대량생산되었다.

그러다가 1896년 미시건 주 디트로이트의 헨리 포드(Henry Ford: 1863~1947)가 휘발유 자동차를 만들었다. 그리고 1908년부터 모델 T자동차를 대량생산하기 시작했다.

현대적인 자동차의 대량생산과, 또한 현대적인 일관 조립으로 포드 자동차는 1927년 생산을 중단할 때까지 1800만 대가 넘는 자동차가 라인을 빠져나왔던 것이다.

그 후로 오늘날에 이르기까지 발명된 또 다른 자동차의 종류와 모양, 기능 등은 생략하겠다.

다만 한 가지, 요즘 헤아릴 수 없이 많은 종류와 다양성을 지닌 자동차의 발명에도 불구하고 좀 색다른 발명품이 있어서 소개한다. 휴대용 자동차와 자동주차장치를 갖춘 자동차이다.

6. 발명 옆에 발명 있다

　　손으로 들고 다니는 휴대용 자동차가 있다면 믿을 수 있을까? 차를 접어서 휴대하다가 필요할 때만 펼쳐서 타고 다닌다면 얼마나 편할까? 이 두 물음에 대한 해답이 지금 일본에서는 현실로 나타나고 있다.

　　일본의 마쓰시타 자동차 회사의 한 사원이 개발한 '접는 자동차'가 바로 그것이다. 이 자동차는 여행용 가방처럼 되어 있어서 평상시에는 가방으로 쓸 수 있고, 가방을 열어 30초 정도 작업을 하면 시속 30㎞를 달릴 수 있는 자동차로 변신하도록 설계되어 있다. 이 자동차의 엔진은 오토바이에 쓰는 엔진이며 차체로 쓰이는 가방은 아무 백화점에서나 손쉽게 구할 수 있는 여행용 가방이다.

　　물론 요즘 거리를 달리는 자동차의 모양이 아니고, 가방을 펼쳐서 그대로 자동차로 쓰는 것이기 때문에 미적인 품위는 없고, 탈 수 있는 사람도 운전자 한 명밖에 되지 않아서 불편한 점도 있겠지만 그래도 이 가방 자동차의 효용가치는 대단할 것으로 전망한다.

　　이제 가방을 펼쳐서 버튼만 누르면 바퀴가 튀어나오고, 자가용으로 변신하는 휴대용 자동차가 있기 때문에 무거운

생활 속의 발명

6. 발명 옆에 발명 있다

짐을 들고 택시를 타기 위해 고생할 필요가 없어졌다.

자가용이 늘어나면서 심각한 문제로 떠오른 것이 주차 문제이다.

차를 세울 때는 앞차와 뒤차가 빠져나갈 공간을 주는 것이 주차 예절.

그렇지만 프랑스 같은 나라에서는 앞뒤차 사이에 일부러 공간을 많이 두지 않기 때문에 빠져나갈 때는 앞차와 뒤차를 살짝 부딪치면서 공간을 마련하여 빠져나간다고 한다. 그러나 이 방법은 차를 상하게 하기 때문에 별로 좋은 방법은 아니다.

이런 문제점들이 새로운 첨단주차장치의 개발을 가져오게 했다. 독일 폴크스바겐사가 개발한 장치가 바로 그것이다.

이 주차장치는 전기모터를 사용하여 4개의 바퀴가 독자적으로 움직이도록 만들어 전진과 후진, 직행과 평행 등 전후좌우로 흔들면서 차 한 대 간신히 세울 수 있는 자리라도 자유자재로 출입할 수 있다.

 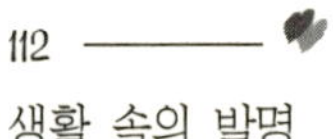

이 자동차에는 또한 앞차와 뒤차 사이의 거리를 측정하는 적외선 레이저 감지장치가 장착되어 있어서, 주차할 공간의 넓이를 평가하여 그 넓이에 따라 주차방법을 결정해준다.

운전자는 주차공간 옆에 차를 세우고 버튼만 눌러주면 나머지 일은 자동차 스스로가 해결한다는 것이다.

"자, 자동주차 동작 실시!"

이렇듯 좁은 공간에서의 주차문제를 해결해 주는 폴크스바겐의 자동차주차 시스템은 3천 달러라는 다소 비싼 가격이 흠이다. 하지만 주변장치가 개발되고, 이에 대한 인식이 확산되면 값싸고 좋은 자동주차 시스템이 선보일 것이다.

이렇듯 꼬리에 꼬리를 무는 발명의 역사는 그 움직임에 끝이 없다.

하나의 재료와 바탕이 되었던 것이 다른 발명품의 재료가 되고, 또 다시 새로운 발명품의 바탕이 되는 것이다.

1869년, 독일의 크스마울은 금속으로 만든 막대 모양의

6. 발명 옆에 발명 있다

내시경을 발명했다. 그런데 이것을 앞에 놓고 감탄사를 연발하는 한 남자가 있었다.

"세상에 이런 것이 있다니……, 이것을 입 속으로 집어넣어 사람의 뱃속을 들여다본단 말이지? 정말 놀라워!"

미국의 허쇼위츠는 이 가늘고 기다란 쇠막대를 보며 눈을 빛냈다.

그러나 이 막대가 실제로는 그다지 쓰이지 않았다. 그것을 뱃속에 집어넣으면 환자들이 무척 고통스러워했기 때문이다.

허쇼위츠는 이 발명품을 앞에 놓고 또 다른 발명을 결심했다.

"사람의 배를 가르지 않고도 위장 안을 들여다볼 수 있다니! 몇 가지 결점만 개선한다면 정말 멋진 의료기구가 되겠는걸!"

그는 신념을 갖고 목표를 세웠다. 조만간에 좋은 결과가 나타날 것 같았다. 그러나 쉬운 일은 아니었다. 그는 많은 것을 잃었고, 그럼에도 불구하고 여전히 연구는 지지부진했다.

생활 속의 발명

'아, 정녕 내 목적을 이룰 좋은 방법이 없단 말인가?'

어느 날, 그는 창을 등지고 앉아 두 팔에 얼굴을 묻었다. 오랫동안 손대지 않아 제멋대로 자란 머리카락들이 그의 양손 안으로 엉켜들었다.

아주 가늘고, 부드러운 머리카락이었다. 그는 무심코 몇 올의 머리카락을 모아 힘을 주었다.

"엉? 끊어지지 않잖아!"

그는 다시 한번 힘있게 머리카락을 잡아당겼다. 그제야 머리카락은 굴복하며 끊어졌다. 당연한 결과였지만 그의 가슴은 뛰기 시작했다.

"바로 이거야, 이제서야 내 문제가 해결되었어!"

허쇼위치는 미친 듯이 소리를 내질렀다.

"화상을 전할 수 있는 유리섬유를 사용하는 거야. 가느다란 수만 개의 유리섬유를 한데 묶는다면 유연하고도 강한 수신관이 탄생하겠지!"

그는 이 실마리를 잡은 뒤로 연구를 매우 활발하게 진행시켰다.

그리하여 1958년 파이버스코프라고 불리는 내시경을 완

6. 발명 옆에 발명 있다

성하였다. 이것이 지금 널리 쓰이는 내시경의 형태이다.

그것은 직경 10~20미크론의 유리섬유 10만 개 이상을 한데 묶은 것으로 이 섬유의 끝에 연결된 카메라를 통해 인체 내부의 상태를 화상으로 전달할 수 있게 되어 있다.

이 밖에도 위의 관찰을 손쉽게 하도록 내장 벽을 확장시키는 송기공, 기구의 끝을 씻어 내리는 송구공 등이 부착되어 있다. 이것은 위 등의 소화기관뿐만 아니라 식도, 소장, 기관지, 방광까지 관찰할 수 있도록 개발되어 있고, 크기도

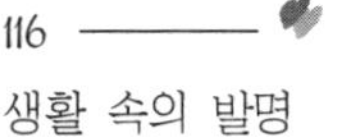

생활 속의 발명

2미터에 달하는 것까지 세분화되어 있었다. 이 파이버스코프의 발명으로 현대의학은 사후치료의 단계에서 조기 발견, 예방의학의 단계로 발전하였고, 좀더 정확한 진단이 가능하게 된 것이다.

발명 옆에 발명이 있다. 백 년 전에 그러했듯이 지금도 세상은 알 수 없는 것으로 가득 차 있다. 모든 것이 발명의 가능성인 것이다.

6. 발명 옆에 발명 있다

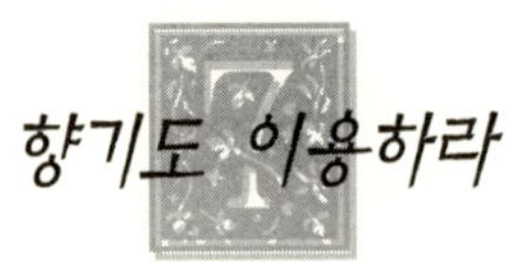

향기도 이용하라

이 세상에는 참 여러 종류의 냄새가 있다. 맛있는 냄새, 역겨운 냄새, 구린 냄새, 향기로운 냄새…….

그런데 이상한 것은 불고기를 굽는 등 맛있는 냄새를 맡게 되면 식욕이 느껴지면서 저절로 배가 고파지고, 역겨운 냄새에는 고개가 돌아가며, 향기로운 냄새를 맡으면 무의식적으로 몸이 따라가려 한다는 것이다.

"그거야, 당연한 것 아니겠느냐?"

이렇게 말할 사람이 있을른지도 모르겠다. 바로 그것이다.

생활 속의 발명

지극히 당연하지만 인간의 심리나 본능을 세밀히 연구하여 이용할 수 있는 것은 최대한으로 다 이용하는 것이 기업의 원리다.

기업이란 무엇인가?

어떠한 사업을 계획함에 있어 영리를 목적으로 생산, 판매, 서비스 등의 경제활동을 계속하는 것이다.

기업체를 운영하는 사람에게 있어서는 과감한 투자나 기업의 확장도 필요하지만, 주어진 환경에서 최대한의 효과를 얻어내는 것이 가장 확실한 성공의 비결이 아니겠는가.

그러므로 주위를 둘러보면 인간에게는 모든 것이 상품이고, 자원이라는 것을 알 수 있을 것이다. 어느 한 순간도 호흡하지 않으면 살 수 없는 공기, 주기적으로 마셔야 하는 물, 흙…….

그런데 정작 인간에게 꼭 필요한 것은 신선한 공기, 오염되지 않은 물, 식물이 생명을 유지할 수 있는 흙, 그리고 무의식적으로라도 따라가고 싶어하는 좋은 냄새 같은 것들이다. '견물생심'(見物生心)이라는 말이 있듯이 인간의 속성이란, 보면 갖고 싶고, 생각하면 행동으로 옮기고 싶어진

7. 향기도 이용하라

다.

그래서 무의식의 속성을 이용하여 심지어 영화 등의 영상매체에서는 영화를 상영하는 중간에 스토리와는 전혀 상관도 없는 담배, 또는 어떤 물건을 끼워 넣는다는 것이다.

이 사실은 영화를 보는 사람들은 전혀 눈치채지 못하고, 눈에 보이지도 않지만 그 장면이 살짝 스치고 지나간 후에는 갑자기 담배가 피우고 싶거나, 그 물건을 사고 싶은 충동을 느끼기도 한다는 것이다.

물론 이런 점을 악용해서는 안 되겠지만, 어쨌든 인간의 무의식 속에 지닌 속성까지도 광고에 이용되고 있다는 사실은 우리를 놀라게 한다.

냄새를 이용한 발명품에는 고약한 냄새로 바퀴벌레나 기타 해충의 접근을 막는 바퀴벌레향, 바르는 모기향, 뿌리면 접근을 못하는 향 등이 그것이다.

미국의 캘리포니아 주에서는 귤향기를 팔고 있다. 물론 향기를 캔에 담아서 파는 것이 아니고, 향기를 뿌려주는 서비스를 하고 있다는 것이다.

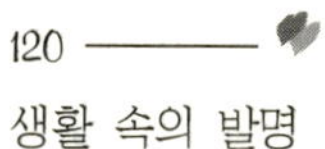

캘리포니아 주를 달리는 고속버스는 중유에 귤의 향료를 넣어 사용하고, 또 차내에다 귤 향기를 뿌려준다.

이러한 서비스는 귤의 생산지로 유명한 지역의 특성을 살린 것이기도 하고, 과일 전문 생산업체인 한 회사의 광고 전략이기도 하다.

"흐음, 이거 귤이 먹고 싶어지는데……."

거리에 넘쳐흐르는 귤의 향기에 사람들은 과일 전문 생산회사의 과일을 생각하게 된다고 한다. 이 덕분에 그 회사는 판매량이 급증하였다.

요즘 첨단 경보시스템에 대한 사람들의 관심이 부쩍 늘어나고 있다. 그만큼 도둑들의 기술이 늘어나고, 흉폭해져 가고 있다는 말일 것이다.

그런데 냄새로 사람을 알아보는 장치가 개발되어 관심을 끌고 있다.

특히 그간 출입문에서의 안전시스템은 사람의 지문이나 또는 망막을 분석해서 등록된 사람이 아니면 출입을 거부하는 정도로 최첨단으로 여겼다.

그랬던 것이 사람의 후각보다 월등히 발달한 컴퓨터 센

7. 향기도 이용하라

서의 개발로 기존의 첨단제품과 성능을 놓고, 자웅을 겨루게 된 것이다.

미국 보스턴에 있는 터프츠대학의 화학과장인 데이비드 왈트와 신경과학의 존 카우어 교수에 의해 개발된 이 '예민한 코'는 섬유광학 센서와 신경 네트워크 소프트웨어를 결합해서 여러 종류의 냄새를 분간해 낼 수 있게 되었다.

이 발명품은 10개의 센서가 독특한 배열을 이루어 여러 가지 다른 화학물질이 결합된 반응을 분석해서 1백만 개 이상의 물질을 분간해낸다.

특허로 등록된 이 시스템은 사냥개보다 더 민감하다고 한다. 또한 출입문에서의 안전시스템에만 적용하는 것이 아니라 의료분야에도 무궁무진하게 적용할 수 있기 때문에 인류에 많은 혜택을 줄 것으로 보인다.

우선 환자의 숨이나 땀에서 일어나는 신진대사의 변화에 의해서 질병을 진찰할 수 있기 때문에 다른 어떤 의료기기보다 간단하다는 장점이 있다.

이뿐만 아니라 기름유출을 탐지하거나 각종 유해물질의 누출을 조기에 발견할 수 있어서 대규모의 사고를 방지할 수

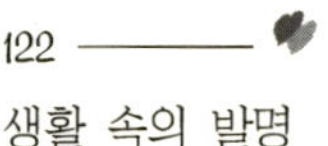

생활 속의 발명

있게 되었다.

이 발명품에 의한다면 앞으로 이런 시대가 올른지도 모르겠다.

'앗, 이상한 물질이 나타났다. 코순이 1번, 물질의 정체를 파악하라!'

'응급환자다. 코돌이 2번은 환자의 상태를 진단하라!'

'코돌이 3번, 수상한 사람이 떴다. 대기하라.'(웃음)

미국 버몬트 주에 벌리판이라는 사람이 있었다. 그는 작업상 여러 사람을 상대하며 분주하게 살았다.

그 결과로 병을 얻은 그는 의사의 권유에 따라 요양을 하게 되었다.

"벌리판 씨, 더 이상은 안됩니다. 조용한 곳을 찾아가 당분간 요양을 하셔야 나을 병입니다."

하는 수 없이 벌리판은 시골로 내려갔다. 그 곳은 소나무가 우거진 아름다운 곳이었다.

"음, 정말 좋은 냄새군. 머리까지 맑아지고 병이 다 낫는 것 같아."

7. 향기도 이용하라

생활 속의 발명

벌리판은 특히 그 곳의 맑고 청량감이 넘치는 소나무 향기를 좋아했다.

'이 좋은 향기를 나 혼자서만 맡는 것이 아깝군. 도시에 사는 많은 사람들에게 이 향기를 전할 방법이 없을까?'

그는 건강이 회복되자 이런 생각을 하게 되었다.

그리고 오랜 궁리 끝에 솔잎 향기가 나는 비누를 개발했다. 이 비누는 아주 크게 인기를 누렸다.

'오, 정말 냄새 좋다!'

'오리지널 컨트리 소나무 향이다.'

요즘 시중에는 솔잎 향은 물론이고, 인삼 냄새, 살구 향, 창포 향, 알로에 냄새 그 밖에도 여러 가지 향기를 내는 비누들이 나와 있다.

이젠 각자가 좋아하는 취향에 따라 아카시아, 재스민 등 향기 나는 비누를 마음껏 골라 쓸 수 있게 된 것이다.

냄새에 대한 사람들의 관심은 점점 더 높아져 가고 있다.

요즘 향기 나는 신사복도 개발되어 화제다.

7. 향기도 이용하라

'패션가의 왕 발명가. 히트상품 제조기.'

이것은 코오롱상사 남성복 사업부에 근무하는 권대리에게 따라붙는 수사어이다. 그도 그럴 것이 입사한 지 4년 밖에 안 된 권대리는 그 동안 개발한 제품들이 모두 '최초'라는 고리를 달았기 때문이다.

그는 재스민, 라벤더, 박하 향이 흘러 나와 머리를 맑게 해주는 향기 나는 양복을 개발했는데 세계 최초라고 한다.

그런가 하면 향기 나는 양말, 향기 나는 어린이 옷 등도 있다.

그것뿐만이 아니다. 향기가 나는 인쇄잉크가 개발되기도 하고, 냄새를 종이에 입히는 방법도 나왔다.

이른 아침, 새벽에 배달된 일간지를 펼쳐들면 제일 먼저 확 달려드는 것이 역한 기름 냄새이다. 그 냄새 대신 박하 향이나 솔잎 향, 그리고 재스민 향이 솔솔 흘러나온다면 하루를 시작하는 사람들의 마음이 훨씬 여유가 있고, 또 기분이 상쾌해질 것이다.

어린이들은 대체적으로 공부하는 것을 싫어한다. 그런데 이런 방법은 어떨까?

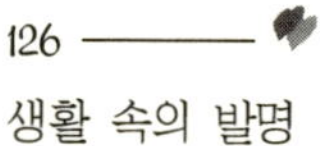

생활 속의 발명

“애야, 공부해라!”

대개의 경우 아이들에게 이렇게 말하면 이런 대답이 나온다.

“싫어요.”

그런데 책이나, 노트에 이런저런 향을 입혀 아이들의 관심을 끄는 방법은 어떨는지.

“어머, 아무개야, 엄마랑 수수께끼 하자. 이 페이지에서 나는 냄새는 무슨 향기일까?”

“아, 그거요? 국화꽃 냄새요.”

“그럼, 이 다음 페이지는?”

“그건 치즈 냄새인데요.”

“그렇구나, 단원마다 식물, 동물 등의 냄새로 가득해.”

“엄마, 이 필통과 연필에서는 장미꽃 그리고 아카시아 향이 나요.”

이런 대화가 오고 간다면 아무리 공부를 싫어하는 아이라도 자연스럽게 책상 앞에 앉힐 수 있을 것이다.

그런데 요즘 어린이용 치약이 너무 맛있는 과일 향을 넣어 문제라고 한다. 치약의 향 때문에 칫솔질을 빨리 끝내게 된다는 것이다. 이런 것은 재고하는 것이 어떨지.

주부들이 냄새 때문에 골머리를 앓는 경우가 있다. 김칫독이나 냉장고를 열었을 때 등이다. 물론 냄새 먹는 하마를 넣거나, 탈취제 등을 이용하지만 근본적으로 해결은 곤란하다. 그러니 아예 냉장고 자체에 청량감을 맛보게 하는 향이 개발된다면 어떨까?

"여보, 냉장고 좀 그만 열어요."

"왜 그래, 냉장고 문을 열면 마치 숲속에 앉아 있는 것 같은데. 말리지 말라고."

"전기 요금 올라가요!"(웃음)

이런 현상이 나타날까?

그런데 향기에 관한 재미있는 에피소드가 있다.

"축전입니다."

어느 날, 집안에 앉아 있는 한 중년 남성에게 전보카드가 배달되었다. 발신인을 보니 낯선 이름이었다고 한다. 남성은 중얼거리며 카드를 꺼냈다.

"누구지? 모르는 이름인데……."

생활 속의 발명

그런데 카드를 여는 순간, 아주 상큼한 향기와 함께 아름다운 멜로디가 흘러나왔다.

"사랑해, 당신을……."

그때, 마침 옆에 있던 남성의 행동을 지켜보던 아내가 소리쳤다.

"사랑이 뭐 말라죽은 거여. 대체 어떤 여편네여?"

그러자, 중년 남성 왈,

"뭔 소리여? 이건 당신한테 온 거란 말이여, 어떤 놈팡이여?"(웃음)

아무튼 요즘 축하전보를 열면 향기가 나오고, 아름다운 멜로디도 나오는 세상이다.

그리고 어른들끼리 이야기지만, 어떤 조사보고에 의하면 여인들이 남성에게서 사랑을 강하게 느끼는 원인으로 남성이 얼굴이나 몸에 바르는 진한 향수냄새라고 지적했다. 그러니까 남성들이 사용하는 향수는 여인들에게 일종의 자극제요, 마취제 역할을 한다는 것이다.

남성들이여! 요즘 아내들이 좀 시큰둥하다고 생각되면 향수를 사보라. 그것도 아주 진한 향수로……. (웃음)

7. 향기도 이용하라

귤향기로 사람을 유인하는 방법과 같은 맥락이라고 할 수는 없겠지만, 냄새로 코를 자극하여 매출을 올리기 위해 일부로 환풍기 출구를 도로로 빼놓는 음식점도 더러 있다. 그리고는 하루 종일 갈비 굽는 냄새, 혹은 생선 매운탕 끓이는 냄새를 흘려 보낸다.

속담에 '참새가 방앗간을 그냥 지나칠 수 없다'고 했듯이 냄새 때문에 음식점 문을 미는 사람들도 많이 있으니까.

어쨌든 냄새도 잘만 이용하면 돈이 될 수 있다. 주부들이 사용하는 빨래 비누에 향을 첨가한 것이 있는데, 이 때문에 보통 비누보다 훨씬 잘 팔리는 것을 볼 수 있다. 빨래비누 특유의 냄새 때문에 과거의 여인들은 사실 매우 곤욕을 치렀다. 그런데 단지 향을 첨가하여, '향비누'라는 이유만으로 여인들은 선호한다.

주위를 둘러보라. 향기를 이용하면 훨씬 좋아질 것들이 사실 많이 있다.

요즘 백화점에 가보면 조화를 만들어 내는 기술에 놀라지 않을 수 없다. 언뜻 보면 꼭 생화처럼 보여서, 만져 보고 냄새를 맡아 보아야만 생화와 조화를 구분할 수 있을 정도이

생활 속의 발명

다.

"어머, 꼭 진짜 같애!"

여인들이 이렇게 꼭 한마디씩 하는 것을 심심지 않게 들을 수 있다.

그런데 만일 이런 조화에서 진짜 향기가 난다고 가정해 보라. 생명력이야 만들어낼 수 없겠지만 향기 나는 조화라면 생화에 비하여 손색없는 꽃이 될 것이다. 물론 개발 중에 있고, 더 흉내도 내고 있지만 아직 대중화되지는 못한 것 같다.

7. 향기도 이용하라

또 한 가지, 요즘 여성들에게 인기를 끌고 있는 것이 향기 나는 나무를 깎아 만든 방향목과 말린 꽃잎을 모아 만든 포프리(POT POURRI)이다.

방향목은 있는 그대로, 포프리는 목욕탕, 거실, 방안 등 실내에 장식용으로 놓아두었다가 1~2개월에 한 번씩 물을 뿌려주면 다시 향기를 내뿜는데 반영구적이다. 그러면서도 천연의 향이어서 전혀 거부감이 없다는 것이 특징이다.

이런 천연 향을 좀더 다양하게 이용한다면 한결 향기로운 생활을 할 수 있지 않을까. 앞으로의 연구과제이다.

지하철역이나 사람들이 많이 다니는 곳에 등장한 것이 500원만 넣으면 구두를 닦아주는 구두 닦는 기계다.

아무리 집에서 깨끗하게 닦아 신고 나와도 바쁘게 다니다 보면 먼지가 쌓이고, 따라서 귀중한 약속이나 중요한 손님을 만날 때는 임시방편으로 손쉽게 구두를 닦을 수 있어 경제적이다. 그런데 이 방법을 이용하여 향기를 팔면 어떨까?

예를 들어서 맞선을 보기로 한 날, 혹은 점잖은 자리에서 사람을 만나기로 한 날 같은 경우이다.

생활 속의 발명

이 때는 물론 아침부터 이발소나 미장원에 가서 머리를 매만지고, 구두도 닦아 신고 옷이나 귀 뒤에 향수도 살짝 뿌렸을 것이다. 그런데 하루종일 부산하게 움직이다 보면 향수냄새는 사라지고, 대신 땀냄새나 담배 냄새로 온몸이 후줄근하게 절여지기 십상이다.

드디어 퇴근 후 밖에서 만나기로 한 레스토랑.

"어서 오십시오."

문 입구에서 종업원이 허리를 굽혀 인사를 한다.

안내를 받아 자리에 앉기 전에 '향 자판기'를 통해 온몸을 천연향으로 감싼 다음 손님과 만나게 된다고 가정해 보라.

틀림없이 좋은 결과를 얻을 수 있을 것이다. 세상은 자꾸 오염되고, 인구는 늘어나고, 환경은 점점 더 파괴되어 향기 대신 악취가 조금씩 세상을 지배하는 것을 볼 수 있다.

악취의 주범은 화장실, 하수구가 아니라 이젠 자동차가 내뿜는 매연, 휘발유 냄새, 그리고 거리의 쓰레기 냄새라는 데 이의가 없을 것이다.

숨이 턱턱 막히는 여름에는 더욱 짜증나게 하는 것들이다.

7. 향기도 이용하라

이 때 맑은 공기, 향기로운 숲속의 풀 냄새가 더욱 간절해진다. 이것을 통째로 도심에 옮겨놓을 좋은 방법은 없을까? 모든 사람들이 꿈꾸는 바일 것이다. 연구해 볼 문제다.

또 한가지, 요즘 거식증이 만연할 정도로 살빼기 작전이 성행한다. 아예 살과의 전쟁을 선포하는 사람도 있다.

생활이 나아지면서 비만은 또 다른 사회문제를 야기할 정도로 고민거리 중 하나로 등장한 것이다. 이런 때 냄새를 이용하는 방법을 개발하면 어떨까?

그러니까, 옛날 우리 어머니들은 갓난아기가 태어나면 젖꼭지를 물리다가 어느 정도 시간이 지나면 젖떼기를 한다. 아기들은 계속해서 젖을 찾고, 어머니들은 어떻게든 젖을 떼려고 신경전을 벌일 때. 대체적으로 빨간 머큐롬이나 반창고, 혹은 고약한 냄새를 이용했었다.

특히 나무나 식물에서 채취한 냄새로 아기들을 항복시키기도 했다.

어머니의 냄새는 향수 같은 것이지만 어머니의 냄새를 감추어버리는 타인의 냄새는 아기들의 접근을 막았던 것이

생활 속의 발명

다. 이런 방법을 비만, 혹은 흡연 등으로 고통당하는 사람에게 간접적인 영향력을 끼치게 할 방법은 없을까?

사랑이 고갈되어 가고, 인정이 점점 메말라 가는 세상에 우리의 아이들에게 고향의 포근함을 심어줄 수 있는 아름다운 정서를 향기로 대신할 방법은 없을까?

어차피 발명이 인간을 이롭게 하기 위한 것이라면 냄새에 대한 연구 개발을 다각적으로 진행하여 향기로운 인간의 냄새로 세상을 채우자. 좀 추상적이긴 하지만 혹시 모를 일이다.

색채를 최대한 살려라

색채가 사람에게 미치는 영향은 실로 대단하다. 어린이
들을 대상으로 그림을 그리게 해보면 아이들의 정서상태를
대략 짐작할 수 있다.

예를 들어 안정적인 심리상태를 유지하고 있는 어린이
들의 경우 문제가 될 것이 없지만 스케치북을 온통 빨간색으
로 칠하거나, 유독 검은색만을 고집하는 아이도 있다.

물론 아이들의 특성상 자신의 심리를 표현하는 데 좋아
하는 색이 따로 있어서 한 가지 색만을 선호하는 경향은 있
다. 그 경우를 말하려는 것이 아니다.

생활 속의 발명

앞서 빨간색으로 먹칠하는 아이의 경우 가정환경을 조사해 보았더니 매우 불안정하더라는 것이다.

사람들은 색채를 이용하여 자신의 심리를 표현하는 경향도 있지만 감추기 위해 색채를 이용하는 경우도 있다.

예를 들면 화창하고 화사한 봄날, 여성들은 밝고 발랄한 옷차림새를 선호한다. 반대로 비가 오거나, 실연을 당했거나 우울한 날은 보편적으로 어두운 색깔을 고른다.

또는 상대적으로 자신의 우울한 기분을 감추기 위해 노란 원피스를 입는다든지 빨간 투피스를 입기도 한다.

아무튼 색채를 이용하여 분위기를 적절하게 바꾸는 데 한몫 할 수도 있다.

환경변화에 가장 빨리 적응을 나타내는 어린이들을 잘 관찰하면 색채에 대해서도 깊이 연구할 수 있다. 어린이들이 활동하는 방을 온통 노랑으로 혹은 녹색이나 흰색 등으로 꾸며놓고 아이들의 움직임을 관찰해보면 재미있는 현상이 나타난다.

좀더 구체적으로 말하자면 밝고 따뜻한 노랑이나 빨간색 안에서는 매우 활동적인 양상을 보인다.

8. 색채를 최대한 살려라

차가운 녹색이나 파란색 안에서는 차분해지고, 검정 안에서는 두려움을 느낀다.

흰 바탕에서는 걸음까지 까치발을 할 정도로 조심스럽게 행동하는 것을 볼 수 있다. 이런 모든 관찰 결과를 종합해 보면 녹색이나 파랑 계통은 시원한 느낌을 주며 사람의 마음을 안정시키고, 빨강이나 노랑 계통은 사람의 마음을 끄는 한편 따뜻한 느낌을 준다.

또 핑크색은 식욕을 돋구고, 보라색은 잠이 잘 오게 하는 등 색채는 저마나 다른 특징을 가지고 있다. 새로운 제품을 개발하고자 할 때 이런 특성을 어떻게 이용하느냐에 따라 성패가 좌우되기도 한다.

사람의 행동 중 90%는 감정에 의해서 움직이고, 나머지 10%는 이성에 의해서 움직인다고 한다. 여기서 감정은 색채이고, 이성은 형태이다. 따라서 색채가 사람에게 미치는 영향을 고려한다면 신제품 개발에 미치는 영향력도 대단하다는 결론이 나온다.

예를 들어 보면, 얼마 전까지만 해도 러닝 셔츠나 팬티는 흰색이 상징이었다. 그래서 남성이든 여성이든 하얀 러

생활 속의 발명

닝셔츠, 팬티 등을 빨아서 삶아 빨랫줄에 널어놓는 것이 가정의 풍속도를 대신할 정도였다.

그런데 A씨는 여성용 핑크색 팬티를 만들어 크게 히트했다. 이에 자신을 얻은 다음에는 빨강 팬티를 만들었다. 역시 히트했다.

여성들에게 흰 팬티보다는 색깔 있는 팬티가 더 잘 팔린다는 것을 확인한 A씨는 7가지 색깔의 팬티를 한 세트로 하여 만들어낸 결과 유명 의류업체의 사장이 되었다.

이 소문을 전해들은 K씨는 여성용 구두의 색깔을 다양하게 생산하여 역시 히트했다. 구두도 처음 생산될 때는 대부분이 검정이었다. 그런데 K씨는 빨간색, 노란색, 초록색, 흰색, 베이지색 등 다양한 색깔의 구두를 생산하여 경쟁업자들을 제치고 구두업계의 제 1인자로 성공했다.

이때부터 모든 제품은 다양한 색상으로 바뀌었고, 대부분이 히트했다.

대기업의 경우 LG는 노랑, 초록, 분홍 등의 색깔을 넣은 비누를 생산하여 크게 히트했다.

8. 색채를 최대한 살려라

색깔이 제품판매를 좌우하는 것은 무엇 때문일까? 그것
은 사람마다 색깔을 선호하는 다양한 취향 때문일 것이다.
요즘 거리에 나가보면 가지각색 모양의 색깔과 자동차물결,
그리고 온갖 색채를 띤 사람들의 모습에 놀랄 것이다. 사람
들은 나름대로 각자가 좋아하는 색깔이 있다. 어떤 사람은
파란색, 어떤 사람은 빨간색, 어떤 사람은 흰색, 어떤 사람
은 녹색 계통만을 유독 고집하는 경우도 있다.

이런 색에 대한 취향에 따라 사람들은 좋아하는 색깔이
나 디자인 등을 고르게 된다. 그러므로 새로운 물건을 개발
할 때는 이 점을 고려해야 할 것이다.

색깔은 사람의 감정에만 영향을 미치는 것이 아니라 크
기에도 영향을 미치고 있다.

10㎡의 방을 빨간색 벽지로 도배하고, 열 사람을 불러들
여 방의 크기를 물어본 결과 한결같이 12㎡쯤 되어 보인다고
대답했다.

이어서 벽지를 파란색으로 바꿔 물어본 결과 이번에는
한결같이 8㎡쯤 되어 보인다고 대답했다. 빨간색은 따뜻하
고 넓은 느낌, 파란색은 차고 좁은 느낌을 주기 때문이다.

생활 속의 발명

이처럼 색깔은 크기에도 많은 영향을 미쳐서 상품을 실물보다 크게, 혹은 작게 보일 수 있게 하므로 판매전략상 매우 중요하다.

색깔을 이용한 발명에는 여러 가지가 있다. 칫솔이나 온도계에의 이용이 그것이다.

요즘 나오는 칫솔을 보면 사용 후 모발이 닳아져서 갈아야 할 때가 되면 색깔이 변하여 자동으로 알려주는 칫솔이 있다.

온도계의 경우 녹색을 실내온도의 적정선으로 혹은 파란색을 현 실내온도 등으로 구분하여 온도를 알려주는 것도 나와 있다.

가정주부들이 마트나 슈퍼에서 식품을 구입할 때 꼼꼼한 사람은 유효기간을 일일이 들여다보고, 그 기간이 넘지 않았으면 안심하고 구입하게 된다. 그런데 어쩌다 급히 사게 될 경우 유효기간조차 미처 살피지 못하고 구입할 때도 있다.

문제는 유효기간을 넘긴 식품을 사는 것은 말할 것도 없

8. 색채를 최대한 살려라

지만, 간혹 유효기간을 너무 길게 잡아 안심하고 구입하여 보면 조금씩 변질된 식품도 있다.

그런데 유효기간에 관계없이 현재 상태에서 사람이 먹을 수 있는지의 여부를 색깔로 알려주는 부착물이 개발되어 건강한 식생활에 도움을 줄 것으로 보인다.

미국 뉴저지주 모리스 플레인스에 있는 라이프 라인 케크놀러지사에 의하여 개발된 이 발명품은 포장된 식품의 노출 온도를 감지해서 식품이 상해서 먹을 수 없게 되면 부착물의 색깔을 스스로 변하게 하는 것이다.

예를 들면 냉동식품이 냉동되지 않고 오랫동안 방치되었다면 분명 이 식품은 먹을 수 없는 식품이기 때문에 이 식품 상태를 감지한 부착물이 녹색에서 적색으로 바뀌게 되고, 소비자들은 적색 부착물이 있는 식품은 사지 않을 것이다.

'스마트'라고 이름 붙여진 이 부착물은 식품에 부착된 유효기간과는 별도로 스스로 식품의 상태를 나타내 주는 것이기 때문에 인위적으로 유효기간을 늘리는 사례가 없을 것으로 기대된다.

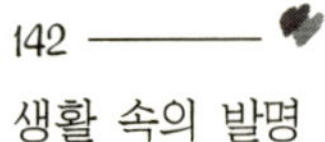

생활 속의 발명

또한 유효기간은 여름과 겨울 등 계절에 따라 식품의 변
하는 속도가 틀리는데도 일률적으로 표시하기 때문에 문제
가 있었지만 이 부착물은 조금이라도 식품이 변하면 먹을 수
없도록 하기 때문에 우리 식생활을 건강하게 해주는 발명품
이라 할 수 있을 것이다.

색깔은 눈에 잘 띄는 색과 잘 띄지 않는 색이 있다. 눈
에 잘 띄는 색은 보호색으로서 주로 어린이들의 의류, 우산,

8. 색채를 최대한 살려라

책가방, 신발 등 소품에 잘 이용된다.

눈에 잘 띄지 않는 색은 그 나름대로 사용되는 용도가 있다.

그런데 식품의 용기, 예를 들면 고추장, 된장 등을 담는 그릇이나 아이스크림, 음료수 등을 담는 용기도 어떤 색상을 쓰느냐에 따라 사람들의 구매 심리를 자극하기도 하고, 저하시키기도 한다.

옛말에 "같은 값이면 다홍치마"라는 말이 있고, "보기 좋은 떡이 먹기도 좋다"라는 말이 시사하듯 새로운 제품을 개발하고 생산할 때 색깔을 가볍게 생각해서는 절대 안 된다.

그렇다고 상한 조기에 노랑 물감을 칠하고, 오래된 고기에 빨강 물을 들이는 악덕 상혼은 배제되어야 하지만, 포장용기·포장지의 재질 등에 의해서 사람들의 구매심리도 영향을 받는다는 사실을 명심해야 한다.

인스턴트 식품이나 가공식품의 경우, 용기만 보고도 구매충동을 느끼는 때가 있다. 이 경우 특히 좌우되는 것은 색깔이다. 왜냐하면 색상에 따라 신선해 보이기도 하고 오래된 식품처럼 느껴지기도 하기 때문이다.

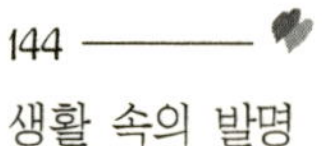

생활 속의 발명

색채에 의하여 구매충동이 좌우되는 것은 장롱, 화장대, 책상, 책꽂이 등에서도 마찬가지이다. 과거에는 때가 덜 타고, 질리지 않는 색상이라 하여 검정이나 밤색이 주종을 이루었던 가구도 요즘은 베이지, 빨강, 연두색 혹은 녹색 등으로 다양하게 바뀌었다.

어디 그뿐인가. 냉장고, 전자 레인지, 전기밥솥, 그리고 세탁기 등의 가전제품들은 색깔만 바뀌어도 단번에 여성들의 시선을 끈다.

특히 여성들은 색채에 민감하다. 그러므로 주전자, 그릇, 심지어 티스푼 하나에 이르기까지 모양이나 색깔에 신경을 쓴다. 더구나 의류에서는 더욱 그렇다. 겉옷은 물론이고, 속옷, 액세서리 등에도 색상, 디자인, 질감 등이 작용한다.

이 때문에 유명의류업체들은 원단의 디자인 때문에 고심을 하고 있다. 이것은 의류업체만의 고민이 아니다. 모든 업체들이 제품 및 포장의 색깔 선택에 몇십 명의 디자이너를 동원하여 수백 장의 그림을 그리고 있고, 이 중 한 장의 그림이 시장조사라는 복잡한 과정을 거쳐 선정되고 있는 것이

8. 색채를 최대한 살려라

다.

거듭 말하거니와 색깔은 물건을 사느냐 사지 않느냐를 결정하는 구매본능에 직접적으로 연결되는 강제성이 있기 때문이다.

색채는 크게는 건축물이나 주택, 작게는 도배지 한 장에 이르기까지 영향을 미친다. 예를 들어 작은 방을 도배하려고 할 때는 좀더 크게 보이도록 찬색 계통의 벽지를 고를 것이다. 반면에 너무 큰 방이어서 짜임새 있게 보이도록 하려면 따뜻한 색을 고르게 된다.

시각의 생물학적 기초이론에 의하면 동물들은 삶의 기반을 둔 환경의 특성에 따라 자신들이 주로 의지하는 감각 양식에 차이를 보인다.

개는 후각이, 박쥐는 청각이, 지렁이는 촉각이 다른 감각에 비하여 잘 발달되어 있다는 것이다.

사람의 경우 가장 중요한 감각이 시각으로 이 때문에 지금까지 시각은 심리학자들이나 생리학자들에 의해서 다른 감각에 비하여 가장 철저하게 연구되어 왔다.

8. 색채를 최대한 살려라

시각 중에 색채 지각은, 자극의 물리적인 속성은 물론 망막에서부터 뇌까지 신경정보 처리과정이 비교적 자세하게 밝혀져 있다. 시각정보처리는 분석을 요하는 자극의 속성에 따라 다르다.

색은 어휘와 같은 인지적인 요인보다는 감각기제와 관련된 보다 원초적인 요인들에 의하여 결정된다.

이만영은 최근 색채명명법에 의해 한국사람들의 색채구분 경향을 연구했는데 모든 색을 기술할 수 있는 최소한의 색이 빨강, 노랑, 초록, 파랑, 보라의 다섯 색임을 밝혀냈다. 그는 이 다섯 가지 색을 한국인의 심리적 요소색(psychological primary colors)으로 규정하고 있다.

왜 이런 이야기를 하는가 하면 요즘은 모든 것이 과학화 시대이다. 모든 사물, 심지어 색채까지도 과학적으로 분석하고 심리적으로 어떤 작용을 일으키는지 정확하게 파악하여 새로운 제품에 이용하지 않으면 시대에 뒤떨어진다.

과학화뿐만 아니라 정보화시대가 되면서 사람들은 여러 가지를 보고 듣고 또 알고 있다. 그렇기 때문에 발명가의 입장에서 새로운 제품을 만들고자 한다면 보다 깊고, 다각적인 면에서 연구되어야 한다는 것이다.

산업재산권의 종류에는 특허, 실용신안, 의장, 상표가 있다.

특허란 아직까지 없었던 물건 또는 방법을 최초로 발명한 것을 말하며 대발명이라고도 한다.

실용신안이란 이미 발명된 것을 개량해서 보다 편리하고 유용하게 쓸 수 있도록 한 물품에 대한 고안 그 자체를 말하며 소발명이라고 한다.

의장이란 물품의 형상, 모양, 색채 또는 이들을 결합한 것으로서 시각을 통하여 미감을 느끼게 하는 것이다.

상표는 타인의 상품과 식별하도록 하기 위하여 사용되는 기호, 문자, 도형이나 이들을 결합한 것 또는 이들과 색채와의 결합으로서 타인의 것과 명확히 구분되는 것을 말한다.

이상에서 살펴보면 색채는 의장과 상표부분에 해당되는 것을 볼 수 있다.

과거에는 의장이나 상표가 단순히 모양이나 색깔만 다

8. 색채를 최대한 살려라

르게, 혹은 색채와 결합함으로써 새로운 발명이 되고 성공의 승부를 걸 수 있었는지 모른다.

그러나 앞서 말했듯이 사람들의 지식 수준이 높아지고, 정보화시대가 될수록 소비자들의 시각도 그만큼 높아지고 있음을 간과할 수 없다.

색채가 우리 인간에게 미치는 영향은 특히 심리적인 면에서 매우 크다는 것을 알아야 한다. 그러므로 색채에 관한 이론, 시각적 분석 등이 선행되어야 사람들의 심리를 따라잡을 수 있고, 발명의 승부를 걸 수 있다는 말이다.

인간에겐 심리적으로 생각하는 바에 따라, 혹은 바라보는 바에 따라 진짜 그렇게 이루어지는 경우가 많다. 예를 들면 슬프고 우울한 노래만 부르던 가수들이 거의 모두 요절했거나 비극적인 인생을 살았거나, 실연을 당한 경우를 많이 볼 수 있다.

반면에 '쨍하고 해뜰 날'을 부르던 가수는 여전히 싱싱하고 밝은 환경 속에서 건강하게 살고 있다.

색채에 있어서도 마찬가지이다. 예를 들어 그 집 대문의 색깔이 검정이나 곤색 등 어둡고 칙칙한 집안에 암 등의 질병환자가 많다는 통계가 나온 적이 있었다. 매일같이 접하고 보는 색상에 따라 인간의 심리는 밝아질 수도 어두워질 수도 있다는 말이다.

왜 그럴까? 그것은 인간은 동물과 달라서 영적인 존재이기 때문에 그렇다.

실제로 한 번 실험해 보라. 어떤 집에 대문을 비롯하여 집안 장롱, 벽지, 가구, 전자제품 등 눈에 띄는 것이 대부분

8. 색채를 최대한 살려라

어두운 색이라고 가정해 보자.

밖에서 아주 기분 좋게 퇴근하여 집에 들어간 사람이 그 집안의 분위기에 따라 마음이 금방 무거워지는 것을 느끼게 된다. 실험 중에 가장 속히 반응을 보려면 무겁고, 두껍고, 어두운 색깔의 커튼을 베란다에 쳐놓고 10분만 보고 있으면 왠지 답답하다고 느끼게 되는 것을 깨닫게 될 것이다.

치료 중에 '심리치료'라는 것이 있다. 심리적으로 마음이 무겁고 우울한 때는 의욕이 생기지 않고, 만사가 귀찮아지며 점점 더 기분이 가라앉는 것을 느낄 수 있을 것이다.

요즘 세계 26개국에서 동시 출간되어 영어 책만 300만 부가 팔린 「그렇다고 생각하면 진짜 그렇게 된다」는 책이 있다. 거기에 보면 '생각'은 보이지 않는 인생의 씨앗으로서 자신의 생각이 자신의 인생을 방해하여 평생 경제적으로 힘들고, 되는 일이 별로 없고, 만나는 사람마다 좋지 않게 헤어지고, 불안·걱정·두려움 등 부정적인 생각에 휩싸여 있었음을 피력하고 있다.

보는 눈, 생각, 습관 등이 그 사람의 인생을 끌고 갈 수도 있다. 요즘 청소년들이 음란, 폭력물을 많이 접하면서 자

생활 속의 발명

꾸 난폭해져 가는 것이 좋은 예이다.

"색채가 우리 인간의 심리에 그렇게나 많이 작용하는가?" 하고 묻는 사람이 있을지 모르지만, 유전과 환경의 이론에 의하면 유전보다는 환경이 인간에게 더 큰 영향을 미친다는 이론이 지배적이다.

어떤 생각을 어떻게 갖고 있느냐에 따라 성공도 실패도 할 수 있다면, 어떤 색채를 어떻게 보고 있느냐에 따라 심리적으로 안정적, 혹은 불안정 상태를 유지하게 된다는 것이다. 그러므로 이제는 색채의 과학화시대를 여는 것이 성공한 발명의 초석이 될 수 있다는 것을 명심하라.

감정과 사랑도 풍부해야 한다

발명가에게는 감정과 사랑이 풍부해야 한다. 발명가에게 감정과 사랑의 효과는 실로 엄청난 것이기 때문이다.

격렬한 감정에 의해서 발명이 이루어진 사례는 수없이 많다. 창조적인 사고는 순수한 지적 활동이 아니기 때문에 철저하게 감정에 의하여 좌지우지된다고도 할 수 있다. 격렬한 감정이 새로운 창조적인 활동에 불을 붙이는 도화선의 역할을 한다는 말이다.

예를 들면, 미국의 D박사는 양조회사의 요청에 따라 누룩곰팡이의 제조법을 연구하게 되었다. 그런데 종래의 양조

방식인 모르트식 제조업자들이 크게 반발했다고 한다.

제조업자들은 D박사에게 협박까지 하였다.

"누룩곰팡이 제조법을 중지하시오, 당장 그만두지 않으면 당신의 생명이 위험할 것이오."

그런데도 D박사가 말을 듣지 않자, 모르트식 제조업자들은 박사의 연구실에 불을 지르고 헛소문까지 퍼뜨렸다.

"D박사가 자기의 연구가 실패하니까 불을 질러 버렸대."

D박사는 너무나 억울하고 분통이 터져 견딜 수가 없었다.

"아니, 이럴 수가?"

그런데 D박사는 그 격렬한 감정으로 오히려 연구에 더욱 박차를 가했다.

"음, 분하다. 그러나 물러설 내가 아니지. 어디 두고 보자."

그는 마침내 '타카디아스타제'를 발명하게 되었다. 억울하고 분한 감정이 발명의 촉진제 역할을 한 것이다.

만일 제조업자들의 박해가 없었다면 이 발명의 완성은 훨씬 늦추어졌을지도 모를 일이었다.

9. 감정과 사랑도 풍부해야 한다

이렇듯 격렬한 감정은 때때로 초인적인 힘을 나타낸다.

시의원을 지닌 아버지와 독실한 기독교 신자인 어머니 사이에서 한 소녀가 태어났다. 소녀는 1남 2녀 중 막내로 부모의 사랑을 듬뿍 받았다.

소녀의 아버지는 유명한 건축업자였으며, 집안은 남 부러울 것이 없이 풍요로웠다. 그런데 소녀가 일곱 살이 되던 해, 아버지는 의문의 변사를 당했고, 아버지의 동업자들은 전 재산을 빼돌렸다.

소녀의 가족들은 졸지에 거리에 나앉고 말았다. 너무나 충격적인 일이었다.

"아니, 어떻게 이런 일이……."

그런데, 그때야 비로소 소녀는 자신의 주위에 비참한 사람이 너무나 많다는 것을 깨달았다. 그래서 어머니에게 이렇게 속삭였다.

"어머니, 저는 평생동안 가난한 사람들을 위해 일하겠어요."

소녀는 가족을 떠나 로레타 수녀원에 들어갔다. 그리고

생활 속의 발명

나중에 가난한 사람들을 위한 '사랑의 선교회'를 만들어 활동했다.

소녀는 마더 테레사로 훗날 노벨 평화상을 받은 성자이다.

영국에 수재로 불린 한 대학생 청년이 있었다. 그는 명석한 두뇌로 인해 주위로부터 부러움을 한몸에 받았다. 청년은 자신의 지혜를 자랑하며 가끔씩 사람들을 속이고는 '신은 없다'고 주장했다.

그러던 어느 날, 그는 사고를 당해 두 눈을 잃고 말았다. 청년은 절망 속에서 울부짖었다.

"하늘이여, 왜 제게 이런 시련을 주십니까?"

통한의 눈물을 흘리던 그의 뇌리 속으로 떠오르는 얼굴이 있었다. 실명하기 전 거리에서 만났던 맹인들이었다. 그는 마음속으로 결심했다.

'그 사람들을 위한 일이 무엇일까?'

청년은 그 때부터 맹인들을 위한 점자를 연구하기 시작하여 '문 타이프'를 발명했다. 그의 이름은 윌리엄 문이다.

9. 감정과 사랑도 풍부해야 한다

이처럼 인간은 때때로 격렬한 감정에 휘말렸을 때 초인적인 힘을 발휘하여 새로운 것에 도전을 받기도 하고, 새로운 것을 만들어내기도 한다.

이 격렬한 감정 때문에 보험회사의 말단 영업사원이 150만 달러짜리 발명품을 만들어 세계적으로 유명해진 경우도 있다. 발명품은 워터맨의 펜촉.

워터맨은 보험 계약실적이 부진하여 가난에서 좀처럼 벗어날 수가 없었다 한 달에 한두 건의 계약이 고작이었던 것이다.

그러던 어느 날, 모처럼 고액의 계약이 이루어지려는 찰라였다. 서명을 하려는 순간, 잉크 한 방울이 뚝 떨어져 계약서를 망쳐버렸다.

"앗! 이걸 어째."

그러자 계약자는 그것이 불길한 징조라며 다된 계약을 취소해 버렸다.

"이거 안되겠소."

당시의 펜촉 모양은 펜촉 가운데 구멍이 없고, ㅣ자로 갈라놓은 모양과 같았기 때문에 잉크가 잘 떨어지곤 했던 것

생활 속의 발명

이다.

워터맨은 그것이 너무나 분하여 보험회사를 그만두고, 잉크가 떨어지지 않는 펜촉을 발명하기로 결심하였다.

"에잇, 내가 새로운 펜촉을 만들어 내고 말겠어."

그는 수많은 펜촉을 사다가 밤낮으로 가위와 줄을 이용하여 새로운 모양의 펜촉을 만들어 보았다. 그러나 생각처럼 그리 쉬운 일이 아니었다. 그의 연구는 한 달이 넘도록 계속되었다. 그 동안 버린 펜촉만 해도 1천 개가 넘었다.

계절도 여름에서 가을로 바뀌었다. 연구에 진전이 없자 여러 번 실망하기도 했지만, 워터맨은 그 때마다 억울하고 분했던 기억을 떠올리며 새로운 결심을 했다.

"내 기어코 만들고 말겠어."

그러다가 워터맨은 드디어 펜촉의 가운데에 있는 작은 구멍을 뚫고 그 아래 부분을 예리하게 갈라놓은 펜촉을 만들어냈다. 이 펜촉은 그가 생각했던 것 보다 글씨도 잘 써지고, 잉크도 떨어지지 않았다.

"우와, 드디어 성공이다!"

그는 즉시 특허 출원하고 아내와 함께 펜촉을 만들어 집

9. 감정과 사랑도 풍부해야 한다

생활 속의 발명

근처의 문구점에 내놓았다.

히트였다. 밤을 새워 만들어내도 당일로 모두 팔려나갔다.

"워터맨이라는 사람이 기막힌 펜촉을 발명했대."

이 소문은 곧 미국 전역으로 퍼져나가기 시작했다.

그로부터 몇 개월이 지나자, 당시 대통령이나 장관의 이름을 모르는 사람은 있어도 워터맨의 이름을 모르는 사람은 없을 정도로 그와 펜촉은 유명해졌다.

하지만 이러한 격렬한 감정은 어디까지나 기필코 해내겠다는 격정이어야 한다. 자칫 잘못하면 충동적인 행동이 될 수 있고, 그렇게 되면 모든 일을 망쳐버릴 수 있기 때문이다. 그러나 여기에도 반론은 있을 수 있다. 그래서 다음과 같이 주장한 사람도 있다.

"인간은 감정의 동물이라서 위압하거나 협박해서 아이디어를 낼 수는 없는 것이다. 아이디어는 가장 자유롭고 편안할 때만 낼 수 있기 때문이다."

감정 못지 않게 사랑 또한 발명의 씨앗이 된 예도 많다.

9. 감정과 사랑도 풍부해야 한다

어떤 가정주부는 아들이 도시락의 젓가락을 자주 잊어버려, 이것을 해결하기 위해 도시락에 젓가락을 끼어 넣는 공간을 추가해서 발명가로 성공했다고 한다.

자녀에 대한 부모의 사랑은 끝이 없어서 많은 부모들이 스스로 자녀를 위한 발명가가 되기도 한다.

공기타이어도 뜨거운 부정(父情)이 만들어낸 발명품이다. 수의사 출신인 던롭은 어느 날, 삼륜 자전거를 타고 놀다가 떨어져 얼굴을 심하게 다친 외아들 조니를 보고 못내 마음이 아팠다.

"저런! 조니, 아프겠구나."

당시의 모든 바퀴는 무쇠로 투박하게 만들어졌거나 나무바퀴 위에 무쇠로 씌운 것으로 작은 돌멩이에 부딪히기만 해도 마구 흔들렸다.

사랑하는 아들의 상처를 보며 던롭은 안전한 바퀴의 필요성을 절실히 느끼게 되었다.

"이 아빠가 안전한 바퀴를 만들어 보아야겠구나."

던롭은 나무바퀴의 무쇠를 벗겨내고, 집에서 사용하던 고무호스를 씌어 보았다. 하지만 신통치가 않았다.

생활 속의 발명

“이거, 안되겠는 걸.”

그러던 어느 날, 아들 조니가 쭈그러진 축구공을 들고 와서 던롭을 졸랐다.

“아빠, 이 공에 공기를 팽팽하게 넣어주세요.”

그 순간 던롭에게 기발한 착상이 떠올랐다.

“공기라고? 그렇지, 삼륜 자전거 바퀴에 공기를 넣어 탄력을 갖도록 하면 안전하겠구나.”

던롭은 고무 호스 위에 두껍고 질긴 고무를 입혔다. 이것이 최초의 타이어로 1888년 2월 28일의 일이었다. 던롭은 여기서 한발 더 나아가 '던롭 공기타이어회사'를 설립하고, 본격적인 생산에 들어갔다.

공기타이어는 선풍적인 인기를 끌었다. 1895년을 전후하여 전세계적으로 자전거는 일대 붐을 이루었다. 그리고 독일의 벤츠사와 미국의 포드사에도 자동차용 공기타이어를 독점 납품하게 되었다.

'아내 사랑'이 발명으로 이어진 경우도 있다. '신지 않은 듯한 가벼운 느낌, 튼실함, 패션성'으로 150년 동안 세계인

9. 감정과 사랑도 풍부해야 한다

들의 사랑을 받고 있는 구두 '발리'가 그것이다.

남자 바지용 멜빵 등 탄성고무줄 공장을 운영하던 칼 프란츠 발리는 어느 날, 멜빵고리를 구하기 위해 파리로 출장을 가게 되었다.

"여보, 나 파리에 다녀올게."

유행의 도시로 출장 가는 그에게 그의 아내는 특별한 부탁을 했다.

"파리요? 그러면 구두 한 켤레 사다 주세요."

"음, 알았소. 다녀오겠소."

그런데 발리는 아내의 발 크기를 재어 가지 않아 구두를 12켤레나 사가지고 왔다.

크기가 잘 맞지 않는 구두에는 고무 밴드를 달아 아내가 신기 편하게 만들어 주었다. 그 날 아내의 구두를 손질하는 동안 신기 편한 구두를 만들 수 있겠다는 생각을 갖게 되었다.

'그래, 편안한 구두를 만들자.'

그는 1851년 스위스 쇠넨베르트 자택에 구두공장을 차리고 '발리 구두'를 만들어 내기 시작했다.

생활 속의 발명

발리가 만드는 일반 구두는 120여 공정을 거치며 고급품은 220여 공정을 통해 생산되었다.

"좋은 제품을 만들면 소비자들은 당연히 그 제품을 찾게 된다."

이러한 창업자 정신에 따라 발리 구두는 요즘도 최고의 소재와 완벽한 재단, 철저한 끝마무리를 통해 생산되고 있다. 또 하나 발리가 자랑으로 내세우는 것은 지역별, 인종별로 다양한 발 모양을 조사해 구두를 만들 때 반영하고 있다는 점이다. 현재 발리 공장에는 35만 개의 구두 모양 틀이 있다.

구두로 시작한 발리는 지금은 남녀가방, 의류, 패션소품 등을 생산하는 토털브랜드로 자리잡았다.

효성이 지극한 소년이 어머니를 위해 만들어낸 발명품도 있다.

미국 필라델피아에 한 소년이 있었다. 소년의 가정은 매우 가난했다. 소년의 어머니는 매일 가방에 물건을 담아 상점에 배달하는 일을 하고 있었다.

9. 감정과 사랑도 풍부해야 한다

“어휴, 무거워.”

소년은 어머니의 힘겨워하는 모습을 보면서 가슴 아파
했다.

어느 날, 소년은 어머니를 생각하며 종이로 가방을 접었
다. 그런데 뜻밖에도 밑바닥이 네모난 ‘종이 쇼핑백’이 만들
어졌다.

“와, 정말 가볍구나.”

생활 속의 발명

편리하고 가벼운 종이 쇼핑백은 순식간에 전세계로 퍼
져 나갔다. 소년의 가족은 큰 부자가 되었다. 이 때가 1887
년. 이 소년의 이름은 찰스 스틸웰이다. 그는 '종이 쇼핑백'
의 발명가로 기록되어 있다. 어머니를 사랑하여 돕겠다는
순진한 마음으로 만든 상품 하나가 풍요를 안겨준 것이다.

그런가 하면 '애인 사랑'이 발명을 낳은 경우도 있다. 이
른바 '로맨스 발명.'

1840년 12월, 눈송이처럼 아름다운 아가씨 '헤스타'와 열
애에 빠진 청년 '한트'는 어느 날, 용기를 내서 헤스타의 아
버지에게 결혼 승낙을 요청했다. 그런데 한 마디로 거절당
했다.

"너희들은 아직 경제력이 없어서 안 돼! 가난은 두 사람
을 모두 불행하게 만들고 말 거야."

하지만 한트는 그대로 물러설 수가 없었다.

"지금 가진 돈은 없지만 저에게는 얼마든지 돈을 벌 수
있는 머리가 있습니다."

밀고 당기는 실랑이 끝에 아버지는 한트에게 한 가지 제

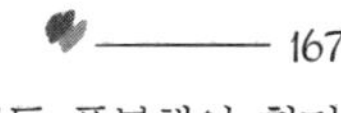

9. 감정과 사랑도 풍부해야 한다

안을 했다.

"좋아, 열흘 안에 1천 달러를 벌어오면 결혼을 승낙하겠어!"

"좋습니다. 그 때 가서 딴 말씀하시면 절대 안됩니다."

"염려 말게."

한트는 대답은 당당하게 했으나 눈앞이 아득했다. 당시 1천 달러는 큰집 한 채 값과 맞먹는 것이었다.

"어디서 어떻게 1천 달러를 구하지?"

밤새워 궁리했으나 좀처럼 묘안이 떠오르지 않았다. 이윽고 새벽녘이 되어서야 한트는 자신의 뛰어난 손재주가 1천 달러를 안겨줄 수 있다는 결론을 얻었다.

생각을 거듭하던 그의 눈에 핀이 들어왔다.

'옳지, 살을 찌르지 않는 안전한 핀을 만들자.'

그 당시 미국인들은 부활절 등 큰 행사가 있을 때마다 바늘 핀으로 리본을 꽂았다. 그런데 이 핀은 견고하지 못해 리본이 잘 떨어질 뿐만 아니라 포옹이라도 할 때면 위험하기까지 했다.

한트는 철사와 펜치를 가지고 일주일 간 밤을 새웠다.

생활 속의 발명

이제 남은 시간은 불과 3일, 이 날부터는 사랑하는 연인 헤스타도 초조한 마음으로 한트를 지켜보고 있었다.

마지막 날, 이른 새벽 졸고 있던 헤스타는 깜짝 놀라 눈을 번쩍 떴다.

"됐어, 성공이다."

한트의 손에는 안전핀이 들려 있었다. 날이 밝자 둘은 손을 잡고 뛰어가 특허출원을 마친 후, 곧 바로 리본가게로 갔다. 여기서도 벽에 부딪쳤다.

"이 안전핀을 사주세요."

그러나 영세한 업자들은 물건을 탐내면서도 선뜻 1천 달러를 내놓지 못하고 주춤했던 것이다.

그러다가 대히트를 확신한 리본 가게 주인 하나가 돈을 들고 찾아왔다.

두 연인은 약속대로 결혼했고, 안전핀을 사들인 리본가게 주인은 전세계 시장을 독점하며 백만장자가 되었다.

'손자 사랑'이 발명의 뿌리가 된 경우도 있다. 발명가는 60대 초반의 할머니인 일본의 마츠이 여사.

9. 감정과 사랑도 풍부해야 한다

어느 추운 겨울날, 아들 내외가 외출하자 마츠이 여사는 두 살 난 손자와 큰집을 지키고 있었다. 이제 막 걸음마를 배운 손자는 아장아장 비틀거리며 온 집안을 걸어다녔다.

그런데 양말을 신은 발이 미끄러운 듯 금방 넘어질 것 같아서 양말을 벗겼다.

그랬더니 아이는 발이 시린 듯 발가락을 움츠렸다.

"저런, 발이 시리구나. 무슨 좋은 방법이 없을까?"

마츠이 여사는 마루에서 미끄러지지 않는 양말을 생각했다. 그리 어려운 일이 아니었다.

그 날 밤, 마츠이 여사는 손자의 양말바닥에 고무를 둥글게 잘라 붙여 보았다. 미끄러지지도 않았지만 여간 따뜻한 게 아니었다.

마츠이 여사는 손자가 즐겁게 노는 모습을 보고, 아들과 며느리에게도 실내화를 만들어 주었다. 양말 윗부분을 잘라 내고 쉽게 신고 벗을 수 있도록 되어 있어 여간 편리한 것이 아니었다.

"어머니가 만드셨어요?"

아들은 실내화를 신어보는 순간 특허를 생각하고 곧 출

생활 속의 발명

원하게 되었다. 그리고 시장에 내놓았다. 성공이었다.

　이렇듯 발명으로 사랑하는 사람을 지키고 보호하며 막대한 부를 거머쥔 사람은 매우 많다. 따지고 보면 제너가 발명한 종두법, 파스퇴르가 발명한 광견병의 예방접종법, 로렌조 부부가 만들어낸 로렌조 오일, 갓 태어난 신생아의 머리를 위해 만든 도넛형 유아용 베개, 아이를 위해 바람에 날

9. 감정과 사랑도 풍부해야 한다

리지 않는 탄력밴드 모자, 아내의 손을 보호하기 위해 만든 이시가와의 가죽 골무 등도 모두 가족 사랑과 인류사랑에서 비롯된 것이다.

감정이 메마른 사람에게서는 사랑도 발견할 수 없다.

감정과 사랑을 효과적으로 표현하는 지혜는 사람이 살아가는 데 있어서 꼭 필요한 것이다. 비단 발명이 아니더라도 감정과 사랑은 풍부해야 한다. 그것이 자신과 가정을 살찌우는 비결이다.

생활 속의 발명

소비자의 취향을 파악하라

‘소비자는 왕이다.’

‘서비스 정신으로!’

요즘 소비자의 입장에서 보면 이와 같은 슬로건들이 입에 발린 말처럼 들릴 때가 많다. 아직도 상품을 구매하면서 느끼는 소비자의 체감온도는 썩 만족할 만한 상태가 아니기 때문이다. 물론 예전에 비하면 많이 나아졌다고는 하지만 소비자의 욕구를 제대로 충족시키지 못하는 상품들도 있다. 쓸데없이 크기만 하고, 외형만 그럴싸한 데 비해 실속이 없거나 낭비가 되는 제품, 지나치게 광고하는 데 비하여 막상 구매해 보면 허술하기 짝이 없는 상품들이 많기 때문이다. 제품에 대한 소비자의 욕구는 사실 간단하다. 실용적이고, 모양 좋고, 경제적이면 되는 것이다.

자기의 고집을 내세우기 전에 객관적으로 소비자의 취향, 혹은 욕구를 먼저 고려하는 것도 성공의 한 변수이다.

그렇다면 '어떻게 소비자의 욕구를 충족시킬 것인가?' 하는 문제가 과제일 것이다.

생활 속의 발명

속담에 '역지사지'(易地思之)라는 말이 있다. 한 마디로 '입장 바꿔 생각해 봐'라는 뜻이다. 우리가 세상을 살아가면서 이것만 잘 한다면 틀림없이 무엇이건 성공할 수 있을 것이다. 정치인은 국민의 입장에서, 의사나 약사는 환자의 입장에서, 판매자는 구매자의 입장에서, 남편은 아내의 입장에서, 부모는 자식의 입장에서, 시어머니는 며느리의 입장에서, 시누이는 올케의 입장에서…….

그렇다면 요즘 세상에서의 의료분쟁이니, 고부간의 갈등이니, 여야 공방이니, 부부싸움이니, 비행청소년 등이라는 말은 모두 사라질 것이다.

그런데도 이런 단어들이 계속해서 이어지는 것은 자기중심적인 사고, 자신만을 아는 이기주의, 상대방의 입장을 전혀 고려하지 않는 개인주의 때문이다.

모 방송 프로그램에서 '인생상담'을 진행하는 것을 잠깐 들은 적이 있다.

그런데 거기에서 대담자로 나온 어떤 사람이 말하기를 "가장 사랑하고, 가장 소중한 내 아내와 자식이 왜 원수가 되어야 하느냐고요?"라고 하며 한숨을 내쉬었다.

10. 소비자의 취향을 파악하라

결과만 놓고 따지자면 안타까운 일이지만 원인을 잘 분석해보면 그 책임은 바로 아내와 자식이 아닌, 자기 자신에게 있는 경우가 많다. 결국 성공도 실패도 자신의 손에 달려 있는 것이다.

인간관계에서 성공을 원한다면 상대방의 입장에서, 발명에서 성공을 원한다면 소비자의 입장에서 바라보는 것이 성공의 지름길이다.

'꿩 잡는 게 매'라는 속담이 있다. 이 속담은 매를 이용하여 꿩을 사냥하던 시절부터 생겨난 말이다. 매의 부리와 발톱이 아무리 날카롭고 용맹스러워도 꿩을 잡지 못한다면 매는 쓸모가 없다는 뜻이다. 마찬가지로 아무리 훌륭한 발명품이라 할지라도 소비자로부터 외면당한다면 쓸모 없는 물건이 되고 만다.

미국은 사람들이 젓가락을 거의 사용하지 않는 나라다. 그런데 그런 나라에서 젓가락을 발명했다면 실패한 발명이 되고 말 것이다. 아마 젓가락이 아니라 색다른 포크를 만들었다면 소비자들의 시선이 집중되었을 것이다.

생활 속의 발명

양말을 신는 사람들에게는 양말이 매우 큰 관심사다. 무늬, 색상, 질감, 모양새, 그리고 요즘은 향기 나는 양말까지 있으니까. 향기까지 소비자들은 꼼꼼히 따져가며 고를 만큼 중요한 상품이다. 그런데 양말을 거의 신지 않는 아프리카에서 양말을 발명한 발명가라면 십중팔구 실패할 수밖에 없다.

이런 예는 있다. 신발을 신지 않는 아프리카에 신발을 판매하려는 두 청년이 있었다. 이들 두 청년은 판매를 위해 사전에 시장조사를 나섰다.

그런데 한 청년은 신발이 무엇인지조차 모르는 아프리카인에게 신발 판매는 불가능하다고 결론지었다.

한편 다른 청년은 신발을 가져다 아프리카의 추장들에게 신어 보도록 했다. 그 결과 신발을 신어 본 추장들에 의해 신발의 편리함이 알려졌다. 그러자 아프리카인들은 너도나도 신발을 찾기 시작하여 신발 판매에 성공했다는 이야기이다.

신제품을 개발하고자 한다면 최소한 이 정도는 되어야 할 것이다. 무슨 뜻인가 하면 두 번째 청년은 소비자들의 욕

10. 소비자의 취향을 파악하라

구가 무엇인지를 사전에 조사해 본 것이다.

'이 물건을 필요로 하십니까?'

'이 물건에 만족하십니까?'

따지고 보면 결국 이런 물음을 소비자들에게 던진 것이다. 소비자에게는 최소한 이런 정도의 서비스는 받아야 할 권리가 있다.

'너무 비싸군요.'

'신고 벗기에 불편합니다.'

그리고 이런 정도의 의사표시는 할 수 있는 기회를 주어야 발명품의 성패를 가늠할 수 있는 것이다. 그런데 이런 것들을 모두 무시하고, 좋은 발명품이니까 만들어야 한다고 고집한다면 결국 실패하고 말 것이다.

그러므로 발명품들 중에는 내용은 좋으나 팔리지 않아 실패한 경우와 아예 시작품조차 만들지 못한 경우도 수없이 많다.

'손잡이 옆에 꼬마전구를 붙인 우산'은 팔리지 않아 실패한 가장 유명한 사례이다.

생활 속의 발명

　이 우산은 비오는 밤에 더없이 편리하고, 집에 돌아와서 열쇠구멍을 찾는 데도 사용되어 실로 기발한 아이디어에서 비롯된 발명품이라고 할 수 있다.

　그런데 어찌된 영문인지 이 편리한 우산은 팔리지 않았다. 물론 전구를 붙인 만큼 값이 비싸지기는 했지만 그래도 너무나 안 팔렸다. 결국 이 우산을 생산한 회사는 도산하고 말았다.

　그렇다면 이 우산은 왜 팔리지 않았을까?

　우선 다음의 세 가지 경우를 생각해 볼 수 있다.

　'첫째, 일년 중 비오는 날이 며칠이나 될까? 둘째, 비오는 밤에 우산을 사용하는 경우는 몇 번이나 될까? 셋째, 전구가 있어야 대문의 열쇠구멍을 찾을 수 있는 집은 몇 집이나 될까?'

　이렇게 생각해 나가면 이 발명품이 팔리지 않은 이유는 사용횟수가 적기 때문이라는 결론에 도달한다. 더욱이 전지는 오래 넣어두면 못쓰게 되어 사용할 때마다 전지를 다시 넣어야 하는 번거로움과 경제적 부담이 뒤따라서 이 우산은 실용화되지 못했다고 할 수 있다.

10. 소비자의 취향을 파악하라

다음으로 발명의 내용은 기발하나 시작품조차 만들지 못한 가장 유명한 사례는 '성냥개비의 한쪽을 깎아서 이쑤시개로 사용하는 방법'이 있다.

발명가는 이것만 생산되면 성냥개비의 용도는 배로 늘어나고, 동시에 이쑤시개를 별도로 가지고 다닐 필요가 없다는 생각에 큰돈을 벌게 된다는 희망에 부풀었다. 그래서 서둘러서 특허출원을 마치고 성냥공장을 찾아 상품화를 부탁했다. 그러나 찾아가는 성냥 공장마다 한 마디로 거절을 당했다. 결국 이 발명은 쓸모가 없게 되어 버렸다.

왜 그랬을까?

이유는 간단하다. 한 갑의 성냥을 사용하는 동안 이를 쑤셔야 할 경우가 몇 번이나 될까? 결국 한 갑의 성냥개비 중 단 몇 개를 사용하기 위해서 모든 성냥개비를 깎아서 다듬어야 하므로 경제성이 없어서 성냥공장들이 외면했던 것이다. 그리고 덧붙이자면, 만약의 경우 성냥개비를 이쑤시개로 사용한다 하더라도 비용을 들여서 굳이 깎아야만 할 이유가 없다. 그 이유는 사용해본 사람이라면 곧 알 수 있을 것이다.

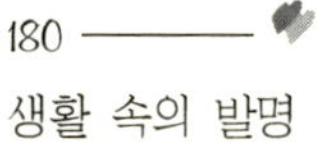

생활 속의 발명

위의 두 가지 사례에서만 보더라도 발명의 대상을 선정할 때는 고객의 입장에서 냉정하게 따져 보는 것이 절대적이라고 할 수 있다.

한 나라의 경제를 지탱하는 뿌리는 여러 분야에서 활약하는 중소기업들이다. 그들은 획기적이고 신선한 아이디어와 신제품으로 시장에 활력을 주고 구매자의 욕구를 충족시킨다. 그러나 중소기업은 역할에 비하여 중소기업이라는 이름이 뜻하듯 기업의 크기나 자산의 규모가 매우 작다. 그로인해 간혹 자금이 모자라거나, 잘 알려지지 않아 도태되어 버리기도 한다.

이런 현실에서 중소기업이 살아남기 위해서는 최대한으로 지혜를 짜내고, 아이디어를 개발하는 길밖에 없다. 그래야만 대기업이나 다른 경쟁상대와의 치열한 다툼 속에서도 성장할 수 있는 것이다.

그러므로 중소기업이 창안해 내는 아이디어는 어디까지나 잘 팔리는 상품으로 연결되어야 한다는 것이다. 즉 신제품을 계획하기 전에 고객이 무엇을 원하는가를 철저하게 파

10. 소비자의 취향을 파악하라

악해야 한다는 것이다. 바로 '팔고서 만든다'라는 철칙에 기인해야 한다.

우선 고객이 원하는 것을 조사하고, 그 다음에 판매방법과 판매시스템 개발, 적정 가격수준의 결정 등 단계를 거쳐서 신상품 판매를 계획한다. 그리고 고객의 시선을 끄는 포장디자인을 개발하는 등 세심한 부분까지 신경을 써야 한다.

이러한 모든 과정을 통하여 제품을 생산하면 실패의 위험률은 그만큼 많이 줄어들게 된다. 그 반면에 성공의 확률은 커지는 것이다.

이러한 충고를 적절히 받아들이고, 적극적으로 실천하여 크게 성공한 중소기업이 있다. 그 업체가 목표로 삼은 것은 백미러(rearview mirror).

보통의 백미러는 자동차 공장에서 미리 고정시켜 놓으므로 각 운전자의 신체적 특징을 고려하지 못했다. 그런데 이것이 사람에 따라 일정한 각도의 사각지대를 만들어 교통사고의 중요한 원인이 되었다. 따라서 운전하는 사람이라면

생활 속의 발명

누구나 이 백미러의 불편함을 호소하였다.

'백미러가 너무 불편해! 생명이 왔다갔다 하는데도 대책
이 없으니…….'

이런 말에 귀를 기울여 운전석에 앉은 채로 각도를 조절
할 수 있는 백미러를 개발한 것이다. 그야말로 소비자의 욕

10. 소비자의 취향을 파악하라

구에 맞춘 상품개발이었다.

이렇게 전적으로 소비자의 입장에 서서 연구하였으므로 결과는 좋을 수밖에 없었다.

"마음대로 조절할 수 있는 백미러 있지요? 정말 편리하다던데…… 그걸로 바꿔 줘요."

그 업체에는 매일 주문이 쇄도하였고, 물건을 만들기가 무섭게 팔려 나갔다. 그리고 그 덕분에 백미러를 개발한 기업은 일약 중견업체로 발돋움하였다.

이 회사의 좌우명은 이랬다.

'고객의 바람을 가장 소중히 하자.'

이것이 바로 그들이 성공할 수 있었던 비결이다.

의학상으로 보면 평소에 건강을 자신하던 사람이 건강하지 못했던 사람보다 건강을 해칠 가능성이 높다고 한다. 그러니까 평소 간이 약한 사람은 건강을 해칠까봐 과음을 피하는 등 몸을 조절한다는 것이다. 그런데 간이 튼튼한 사람은 건강에 자신만만하여 과음도 하고, 몸을 돌보지 않는다고 한다. 그러다가 오히려 튼튼했던 사람이 먼저 쓰러지게 될 확률이 높아지게 된다는 것이다.

생활 속의 발명

그러므로 아무리 건강에 자신이 있는 사람도 자신의 건강을 체크해 보며 관리를 잘 해야 건강을 계속 유지할 수 있다.

기업에 있어서도 마찬가지이다.

자만에 빠져 기술개발을 게을리하고 계속 경계를 하지 않으면 어느 날 갑자기 쓰러지게 되는 환자처럼 조만간에 치명적인 타격을 입게 될 수 있다.

그 한 예로 미국의 담배 메이커인 럭키 스트라이크와 카멜의 시장경쟁을 볼 수 있다. 미국은 우리 나라와 달리 담배시장이 민간인에 의하여 운영되고 있다. 그래서 각 회사마다 판매율 경쟁이 매우 치열하다. 특히 담배의 대표적인 기업인 카멜과 럭키 스트라이크의 경쟁상태는 치열하다 못해 불꽃이 튈 정도였다. 이러한 상태에서 카멜은 담뱃갑을 셀로판지로 포장하는 아주 획기적인 아이디어를 냈다. 이것은 담배를 아주 좋은 상태로 보관할 수 있게 되었다.

"아하하, 이것으로 이제 담배시장은 우리의 것이다."

"그래, 럭키는 더 이상 우리를 따라 올 수 없을 거야."

카멜의 간부들은 매우 기뻐하며 스스로 만족해하고 있

었다.

그러나 자만심은 항상 화를 부르는 법이다. 카멜이 자만에 빠져 손을 놓고 있을 때, 럭키 스트라이크는 계속해서 담배에 대한 소비자의 만족도를 조사하는 노력을 게을리하지 않았다.

그 결과 럭키는 카멜의 포장법에다 가늘고 빨간 테이프를 덧붙여 포장이 쉽게 벗겨지도록 만들었다.

"야, 이것 정말 괜찮은데……. 카멜 담배는 셀로판 포장이 잘 뜯어지지 않아서 정말 짜증이 났는데 이것은 아주 좋군."

이 신상품은 담배시장을 휩쓸게 되었던 것이다. 그 덕분에 카멜은 경쟁시장에서 뒤처지고 말았다.

만약 카멜이 셀로판 포장에서 멈추지 않고, 계속해서 소비자의 성향을 파악했더라면 양상은 아주 달라졌을 것이다. 결국 카멜은 모처럼만의 기회를 놓쳐버린 것이다.

21세기를 준비하는 지구촌의 발명은 끊임없이 계속되고 있다.

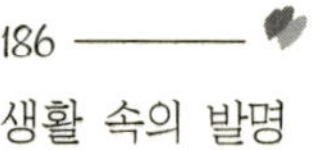

생활 속의 발명

그 중에서도 특별히 소비자의 욕구를 고려하여 탄생되고 있는 발명품들을 생각해 보자.

요즘 납이 들어있는 꽃게, 복어 등의 생선이 중국에서 마구 들어와 국민들을 긴장시키고 있는데 납중독을 우려하는 사람들의 욕구를 충족시킬 만한 신제품이 개발되어 화제다.

납은 대개 낡은 페인트, 오염된 공기, 더러워진 흙, 자동차의 배터리 등을 통해 우리 몸에 쌓이게 된다. 이 외에도 우리를 크게 위협하는 경로가 있는데 바로 수도꼭지를 통한 식수에 의해서다.

수도꼭지를 만들 때 들어가는 재료는 구리와 납인데 이 납이 물에 녹아들어 어린이에게는 신경과 뇌의 손상을, 성인에게는 고혈압과 빈혈 등을 안겨줄 수 있고 심할 경우 사망에 이르게도 한다. 그래서 납은 공포의 대상이고, 이런 위험이 있지만 순수한 구리만으로 수도꼭지를 만들면 끈적거리고, 조각조각 붙어 버리기 때문에 어쩔 수 없이 납을 섞어서 만들어야만 한다.

사정이 이렇다보니 납 대신 의료제품에 쓰이는 비스무

스를 구리와 섞어서 만들어 제품에 적용해 보기도 하지만 이 합금 또한 구부러지기 쉽고, 부서지기 쉽다는 단점 때문에 많이 사용되지는 못했다.

그래서 이런 문제점을 극복하기 위한 연구가 그 동안 활발하게 이루어졌다.

그 결과, 미국전화전신회사 산하의 벨연구소 과학자들에 의해 새로운 금속이 최초로 탄생된 것이다.

"와, 이제 납중독 걱정은 끝이다."

이 금속은 구리를 주원료로 하는 점에서는 마찬가지이지만 작은 양의 인을 섞어서 구리 원자들이 강력한 결속력을 갖도록 만들었기 때문에 물에 잘 용해되지 않는다고 한다.

"정말, 성공적이야!"

구리와 비스무스, 소량의 인이 배합되어 납 성분이 나오지 않는 수도꼭지가 만들어질 것인데 앞으로 이것을 잘 응용하면 납 때문에 생기는 병은 사라질 것이다.

소비자 입장에서 이보다 더 좋은 일도 드물 것이다.

요즘 거리에 나가면 심심치 않게 비대한 사람들을 많이

생활 속의 발명

보게 된다. 꼭 비대하지 않다 하더라도 주부들은 가족의 비만을 염려하여 음식을 요리할 때마다 무척 신경을 쓰게 된다. 특히 식용유는 음식을 요리하는 데 있어서 거의 빠지지 않고 사용되는 것 중의 하나다. 비대한 사람에게 최고로 나쁜 음식 중의 하나인 기름은 그렇기 때문에 염려를 가중시키는 식품이기도 하다.

그런데 소비자들의 이런 고민을 해결할 식용유가 나왔다. 아무리 먹어도 비만의 염려가 없어 기름기 있는 음식을

좋아하는 사람들도 마음놓고 먹을 수 있게 된 것이다.

미국의 한 식품회사가 개발한 이 식용유는 '올레스트라'
라는 이름은 갖고 있으며 비만의 원인인 칼로리가 전혀 없는
것으로 알려졌다.

그리고 이 식용유를 이용해서 만든 튀긴 감자 등 각종
음식물 또한 칼로리가 전혀 없는 다이어트용 식품이 된다니
소비자들에게 더없는 희소식이 아닐 수 없다.

사정이 이렇다보니 비만을 걱정하는 사람들이 '꿈의 식
용유'라는 표현까지 써가며 이 식용유의 시판을 학수고대하
고 있다는 것이다.

이런 발명품이라면 시판되자마다 불티가 날 것 같지 않
은가.

소비자는 왕이다. 일단 잘 팔려야 성공한 발명품인 것이
다. 그러므로 소비자의 욕구가 무엇이며, 어떤 것을 개선해
야 할지 먼저 파악하라.

생활 속의 발명

발명의 전도사되어

언제부터인가
'발명가'라는 호칭이 붙어다니고
나라에서 큰 훈장을 내려 주셨기

발명의 새싹들에게 길잡이가 되기 위해
서툰 글 솜씨를 선보였더니
그 박수소리가 은근히 들려왔다.

자서전을 권유하는 친구들에게
"야, 이 친구야! 나는 아직 젊은이라네"
지금 하고 싶은 다른 일이 있다네.

발명 전도사를 자임하며,
더 많은 꿈나무를 가꾸고 싶어
동네방네에 주제넘게 외쳐대었고,

이제 당차게 뻗어 가는 젊은이들에게
발명의 호롱불을 자임하면서
무딘 머리와 거친 글솜씨를 가다듬었다.

— 정보화 시대의 청장년에게
   발명의 불꽃이 점화되기를 갈망하면서 —

필자 박 혁 구

<u>초보 발명가를 위한</u> **생활 속의 발명**

지은이 • 박 혁 구

발행인 • 이 방 원

발행처 • 세창출판사
　　　　(110-100) 서울특별시 종로구 교남동 47-2
　　　　tel. 723-8660　fax. 720-4579
　　　　e-mail: sc1992@korea.com
　　　　Homepage: www.sechangpub.co.kr
　　　　등록 1990. 10. 8 제2-1068 (윤)

정가 6,000원

초판 발행일 • 2001년 6월 25일
2 쇄 발행일 • 2001년 7월 10일

본서의 무단복제를 금합니다.
잘못 만들어진 책은 바꾸어 드립니다.

ISBN　89-8411-060-4　03000

세창